21世纪高等学校计算机规划教材

21st Century University Planned Textbooks of Computer Science

计算机应用基础实践教程

（Windows 7+Office 2010）

Basic Practice Course of Computer Application

李晓艳　郭维威　主编

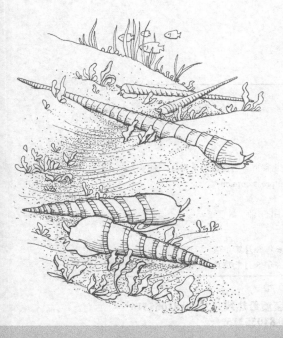

高校系列

人民邮电出版社
北京

图书在版编目（CIP）数据

计算机应用基础实践教程：Windows 7+Office 2010/
李晓艳，郭维威主编. -- 北京：人民邮电出版社，
2016.8（2018.8重印）
21世纪高等学校计算机规划教材. 高校系列
ISBN 978-7-115-42299-6

Ⅰ. ①计… Ⅱ. ①李… ②郭… Ⅲ. ①Windows操作系
统－高等学校－教材②办公自动化－应用软件－高等学校
－教材 Ⅳ. ①TP316.7②TP317.1

中国版本图书馆CIP数据核字(2016)第088221号

内 容 提 要

本书作为《计算机应用基础（Windows 7+Office 2010)》的配套实训教程，全面介绍了读者需要掌握的各种计算机基础知识和办公自动化软件的使用方法。全书共分 31 个实训，涵盖了计算机基础概述、Windows 7 基本操作、文档处理、数据处理、演示文稿、Office 整合应用、多媒体基础等内容。每个实训都有详细的分解步骤，帮助读者学习和巩固学过的知识，做到理论与实践相结合。读者可以一边学习，一边在计算机上操作，从而提高学习效果。

本书可作为高校相关专业和社会培训班的教材，也可作为计算机办公用户的自学参考用书。

◆ 主　编　李晓艳　郭维威
　　责任编辑　范博涛
　　执行编辑　吴　丹
　　责任印制　焦志炜

◆ 人民邮电出版社出版发行　北京市丰台区成寿寺路 11 号
　　邮编　100164　电子邮件　315@ptpress.com.cn
　　网址　http://www.ptpress.com.cn
　　北京九州迅驰传媒文化有限公司印刷

◆ 开本：787×1092　1/16
　　印张：6.5　　　　　　　　　　2016 年 8 月第 1 版
　　字数：171 千字　　　　　　　2018 年 8 月北京第 4 次印刷

定价：19.80 元

读者服务热线：(010)81055256　印装质量热线：(010)81055316
反盗版热线：(010)81055315

前 言 PREFACE

本书从应用型人才培养的目标和学生的特点出发，以实际应用为着眼点，认真组织教学内容，精心设计若干个实训项目，力求由浅入深，注重实践技能，让学生在实践中学习，逐步提高其自学能力，启发求知欲望。

在本书中，每个实训项目先提出实训要求，再给出实训详解，并将所涉及的知识点以操作步骤的方式展现。学生在实践过程中发现问题可由老师随时辅导，技术难点可由老师集中讲授。

本书比较详细地介绍了计算机基础知识、Windows 7 操作系统、Office 2010 的常用组件（Word 2010、Excel 2010、PowerPoint 2010）及多媒体基础知识。各实训的主要内容如下。

实训 1~2：介绍计算机的发展历史，以及计算机的基础知识。

实训 3~6：介绍 Windows 7 的功能、应用特点以及一些常用操作。

实训 7~15：结合创建简单的文稿和表格的实例，介绍 Word 2010 文档编辑、修饰、排版的常用操作。

实训 16~24：结合制作 Excel 2010 工作表的实例，介绍 Excel 2010 的函数、图表和数据分析等功能。

实训 25~26：结合实例介绍如何使用 PowerPoint 2010 创建丰富多彩的演示文稿。

实训 27~30：介绍 Office 整合应用。

实训 31：介绍多媒体基础知识。

本书由黑龙江工业学院的李晓艳、郭维威任主编。其中李晓艳编写了实训 1~13，郭维威编写了实训 14~31。

由于作者水平有限，书中难免存在不妥之处，敬请广大读者提出宝贵意见和建议，我们会在适当时间进行修订和补充。

编者
2015 年 6 月

目 录 CONTENTS

PART 1

实训 1
书面作业：主题论述

实训要求

从以下主题中选其一进行论述。

（1）浅谈计算机的发展史

（2）浅谈计算机的特点及应用

（3）浅谈计算机网络的发展

不要拘泥于书本，利用网络查找与主题相关的资料，字数 300 字以上，要求有自己的见解，字迹端正。

友情贴士：双击 IE 浏览器，在地址栏中输入网址 www.baidu.com，在页面的搜索栏中输入关键字，如计算机的发展史。

浅谈_____

得分点：

题号	能正确搜索到相关内容，主题明确	有自己的见解，字迹端正	字数
评分	3	1	1
总分			

PART 2

实训 2
书面作业：进制转换

实训要求

完成以下进制转换，请给出具体的计算过程。

（1）$(1011001)_2 = ($ 　　　　$)_{10}$

（2）$(96)_{10} = ($ 　　　　$)_2$

（3）$(142)_8 = ($ 　　　　$)_{16}$

（4）(ABC)$_{16}$ =（   ）$_{10}$

（5）(2009)$_{10}$ =（   ）$_{8}$

得分点：

题号	1	2	3	4	5
评分	1	1	1	1	1
总分					

实训要求

练习1

1. 窗口操作

（1）打开"库"窗口，熟悉窗口各组成部分。

（2）练习"最小化""最大化"和"还原"按钮的使用。将"库"窗口拖放成含有水平、垂直滚动条的最小窗口。

（3）练习菜单栏的显示/取消，熟悉工具栏中各图标按钮的名称。

（4）观察窗口控制菜单，然后取消该菜单。

（5）打开"计算机""控制面板"窗口。

（6）用两种方式将"库"窗口和"计算机"窗口切换成当前窗口。

（7）将上述3个窗口分别以层叠、横向平铺、纵向平铺的方式排列。

（8）移动"控制面板"窗口到屏幕中间。

（9）以3种不同的方法关闭上述3个窗口。

（10）打开"开始"菜单，再打开"所有程序"子菜单，选择"附件"菜单，单击"Windows资源管理器"命令，练习滚动条的几种使用方法。

2. 菜单操作

在"查看"菜单中，练习多选项和单选项的使用，并观察窗口变化。

3. 对话框操作

（1）打开"工具"菜单中的"文件夹选项"命令，分别观察其中"常规"和"查看"两个选项卡的内容，然后关闭该对话框，关闭"资源管理器"。

（2）打开"控制面板"中的"鼠标"选项，练习相关属性的设置。

4. 提高篇

将"计算器"程序锁定到任务栏。

练习2

（1）打开"开始"→"所有程序"→"附件"→"记事本"，按顺序输入26个英文字母后，再选择"文件"菜单中的"另存为"命令，出现"另存为"对话框后，在"保存在"列表框中选择"桌面"，在"文件名"文本框中输入"LX1.txt"，然后单击"保存"命令按钮，关闭所有窗口。

（2）使用打字软件进行英文打字练习。

PART 4

实训 4
个性化设置
——控制面板

实训要求

练习1

（1）查看并设置系统日期和时间。

（2）查看并设置鼠标属性。

（3）将桌面墙纸设置为"Windows"，设置屏幕保护程序为"三维文字"，将文字设置为"计算机应用基础"，字体设置为"微软雅黑"并将旋转类型设置为"摇摆式"。

（4）安装打印机"Canon LBP5910"，将其设置为默认打印机，并在桌面上创建该打印机的快捷方式，取名"佳能打印"。

练习2

（1）添加/删除输入法。

（2）用Windows的"记事本"程序在桌面上建立"打字练习.txt"，该文件应正确包含以下文字信息（英文字母和数字采用半角，其他符号采用全角，空格全角、半角均可）。

在人口密集的地区，由于很多用户有可能共用同一无线信道，因此数据流量会低于其他种类的宽带无线服务。它实际的数据流量为500kbit/s～1Mbit/s，这对于中小客户来说已经比较理想了。虽然这项服务的使用非常简单，但是网络管理员必须做到对许多因素（如服务的可用性，网络性能和QoS等）心中有数。

打字速度记录：

日期	类别（英文/中文）	速度（字母、字/分）	正确率（%）

PART 5

实训 5
玩转资源（一）
——文件

实训要求

练习

（1）在桌面创建文件夹"fileset"，在文件夹中新建文件"a.txt""b.docx""c.bmp"和"d.xlsx"，并设置"a.txt"和"b.docx"文件属性为隐藏，设置"c.bmp"和"d.xlsx"文件属性为只读，并将扩展名为".txt"的文件的扩展名改为".html"。

（2）将文件夹"fileset"改名为"fileseta"，并删除其中所有只读属性的文件。

（3）在桌面新建文件夹"filesetb"，并将文件夹"fileseta"中所有隐藏属性的文件复制到新建的文件夹中。

（4）在系统文件夹内查找文件"calc.exe"，并将它复制到桌面上。

（5）在C盘上查找"Font"文件夹，将文件夹中的文件"华文黑体.ttf"复制到文件夹"C:\Windows"中。

（6）将C盘卷标设为"系统盘"。

打字速度记录：

日期	类别（英文/中文）	速度（字母、字/分）	正确率（%）

日期	类别（英文/中文）	速度（字母、字/分）	正确率（%）

PART 6

实训 6
玩转资源（二）
——软、硬件

实训要求

练习1

（1）在任务栏中创建一个快捷方式，指向"C:\Program Files\Windows NT\Accessories\ wordpad.exe"，取名"写字板"。

（2）将C:\WINDOWS下的"explorer.exe"文件的快捷方式添加到开始菜单的"所有程序\附件"下，取名为"资源管理器"。

（3）在"下载"文件夹中创建一个快捷方式，指向"C:\Program Files\Common Files\ Microsoft Shared\MSInfo\Msinfo32.exe"，取名为"系统信息"。

（4）在桌面上创建一个快捷方式，指向"C:\WINDOWS\regedit.exe"，取名为"注册表"。

练习2

（1）将C盘卷标设为"Test02"。

（2）用磁盘碎片整理程序分析C盘是否需要整理，如果需要，请进行整理。

练习3

（1）用记事本创建名为"个人信息"的文档，内容为自己的班级、学号、姓名，并设置字体为楷体、字号为三号。

（2）利用计算器计算。

$(1011001)_2 = ($ 　　　　$)_{10}$

$(1001001)_2 + (7526)_8 + (2342)_{10} + (ABC18)_{16} = ($ 　　　　$)_{10}$

$\sin 60° = $

（3）使用画图软件，绘制主题为"向日葵"的图像。

（4）打开科学型计算器，将该程序窗口作为图片保存到桌面上，文件名为"科学型计算器.bmp"。

打字速度记录：

日期	类别（英文/中文）	速度（字母、字/分）	正确率（%）

实训 7
科技小论文编辑

实训要求

1. 新建文档，命名为"科技小论文（作者：小王）.docx"，保存到C盘根目录。

2. 将文档的页边距上、下、左、右均设置为2.5厘米，从"3.1要求与素材.docx"中复制除题目要求外的其他文本到新文档中。

3. 插入标题"浅谈CODE RED蠕虫病毒"，设置为"黑体，二号字，居中，字符间距加宽、磅值为1磅"，在标题下方插入系部、班级及作者姓名，设置为"宋体，小五号字，居中"。

4. 设置"摘要"及"关键词"所在段落为"宋体，小五号字，左、右各缩进2字符"，并给这两个词加上括号，效果为 【摘要】。

5. 调整正文顺序，将正文"1.核心功能模块"中（2）与（1）部分的内容调换。

6. 将正文中第1段、第2段中所有的"WORM"替换为"蠕虫"。

7. 设置正文为"宋体|Times New Roman，小四号字，1.5倍行距，首行缩进2字符"，正文标题部分（包括参考文献标题，共4个）为"加粗"，正文第一个字为"首字下沉"。

8. 设置"1. 核心功能模块（3）装载函数"中从">From kernel32.dll:"开始的代码到"closesocket"的格式为"两栏、左右加段落边框，底纹深色 5%"。

9. 使用项目符号和编号功能自动生成参考文献各项的编号："[1]、[2]、[3]…"。

10. 给"1. 核心功能模块"中的"（4）检查已经创建的线程"中的"WriteClient"加脚注，内容为"WriteClient是ISAPI Extension API的一部分"。

11. 设置页眉部分，奇数页使用"科技论文比赛"，偶数页使用论文题目的名称；页脚部分插入当前页码，并设置为居中。

12. 保存文档的所有设置，关闭文档并将其压缩为同名的rar文件，最后使用E-mail的方式发送至主办方的电子邮箱中。

得分点：

题号	1、2	3	4	5	6	7	8	9	10	11、12
评分	1	1	1	1	1	1	1	1	1	1
总分										

PART 8

实训 8
论文编辑
——拓展练习

实训要求

1. 新建文档，命名为"论文编辑练习（小王）.docx"，保存到C盘根目录。

2. 复制除题目要求外的其他文本，使用选择性粘贴，以"无格式文本"的形式粘贴到新文档中。

3. 设置标题格式为"黑体，二号字，居中，字符间距紧缩、磅值为1磅"，作者姓名格式设置为"宋体，小五号字，居中"。

4. 设置摘要和关键词所在的两个段落，左、右缩进各2字符，并将"摘要："和"关键词："设置为"加粗"。

5. 将标题段的段前间距设为"1行"。

6. 设置正文为"宋体，小四号字，行距为固定值20磅，首行缩进2字符"，正文标题部分（包括参考文献标题，共8个）为"无缩进，黑体，小四号字"，正文第一个字为"首字下沉，字体为华文新魏，下沉行数为2"。

7. 将正文中的所有"杨梅"替换为橙色加粗的"草莓"（提示：共8处）。

8. 给"二、实践原理"中的"水分"加脚注为"水：H_2O"。

9. 在标题"草莓的无土栽培"后插入尾注，内容为"此论文的内容来源于互联网"。

10. 给"六、观察记录情况"中的4个段落添加项目符号"✔"，并设置为"无缩进"。

11. 给整篇文档插入页码：页面底端，居中。

12. 保存所有设置，关闭文档，上交电子文档。

 实训详解

16

实训要求 1　　　新建文件，命名为"论文编辑练习（小王）.docx"，保存到 C 盘根目录。

操作步骤

【步骤 1】　启动 Word 2010 程序，窗口中会自动建立一个新的空白文件。

【步骤 2】　单击窗口左上角的"保存"按钮，或者打开"文件"菜单，选择"保存"命令（注意：新文件第一次保存，即为"另存为"），出现如下对话框。

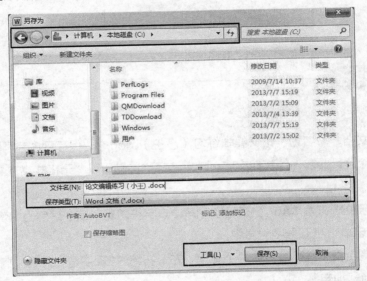

在对话框中设置保存位置（计算机-本地磁盘（C:））、文件名（论文编辑练习（小王）.docx）和保存类型，单击"保存"按钮。

实训要求 2　　　复制除题目要求外的其他文本，使用选择性粘贴，以"无格式文本"的形式粘贴到新文件。

操作步骤

【步骤 1】　打开"3.1 拓展练习-要求与素材.docx"文件，使用选取大量文本的方法，按照要求选取指定文本。

【步骤 2】　将鼠标移至反显的选定文本上，单击鼠标右键，在弹出的快捷菜单中选择"复制"。

【步骤 3】　在"论文编辑练习（小王）.docx"文件中的光标闪烁处，单击鼠标右键，在弹出的快捷菜单中选择"粘贴选项"中的"只保留文本"，如下所示。

粘贴选项：

实训要求3 设置标题格式为"黑体，二号字，居中，字符间距紧缩，磅值为1磅"，作者姓名格式设置为"宋体，小五号字，居中"。

操作步骤

【步骤1】 使用鼠标左键拖动的方式选取第一行的标题文本。

【步骤2】 利用工具栏中的字体、字号、居中按钮进行相应的设置（黑体，二号，居中），如下图所示。

【步骤3】 用鼠标单击"字体"菜单右边的" 小箭头"按钮，打开"字体"对话框，在"高级"选项卡中，将间距设置为"紧缩"，磅值为"1 磅"，单击"确定"按钮，如下图所示。

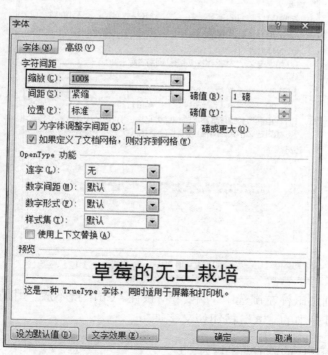

【步骤 4】 用鼠标左键选取第二行的作者姓名，利用工具栏中的字体、字号、居中按钮进行相应的设置（宋体，小五号，居中）。

实训要求 4	设置摘要和关键词所在的两个段落，左、右缩进各 2 字符，并将"摘要："和"关键词："设置为"加粗"。

操作步骤

【步骤 1】 利用鼠标左键拖动选中摘要和关键词所在的两个段落，用鼠标单击工具栏上"段落"菜单右边的"小箭头"按钮，打开"段落"对话框，在对话框的"缩进和间距"选项卡中，设置左、右缩进"2 字符"，单击"确定"按钮，如下图所示。

【步骤 2】 利用鼠标左键选中"摘要："，按住"Ctrl"键不放，用鼠标选中"关键词："后放开，单击工具栏中的"**B**"按钮使文字加粗。

实训要求 5	将标题段的段前间距设为"1 行"。

操作步骤

利用鼠标左键选取标题段，用鼠标单击"段落"菜单右边的"小箭头"按钮，打开"段落"对话框，在对话框的"缩进和间距"选项卡中，设置间距为段前"1 行"，单击"确定"按钮，如下图所示。

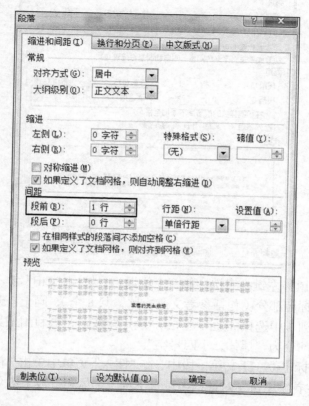

实训要求6 设置正文为"宋体，小四号字，行距为固定值20磅，首行缩进2字符"，正文标题部分（包括参考文献标题，共8个）为"无缩进，黑体，小四号字"，正文第一个字为"首字下沉，字体为华文新魏，下沉行数为2"。

操作步骤

【步骤1】 使用选取大量文本的方法，选中关键词下面开始的正文部分，利用工具栏中的字体、字号按钮设置正文为"宋体，小四号字"。

【步骤2】 用鼠标单击"段落"菜单右边的"小箭头"按钮，打开"段落"对话框，在对话框的"缩进和间距"选项卡中，设置行距为"固定值"，设置值为"20磅"，在特殊格式的下拉列表中选择"首行缩进"，磅值为"2字符"，单击"确定"按钮，如下图所示。

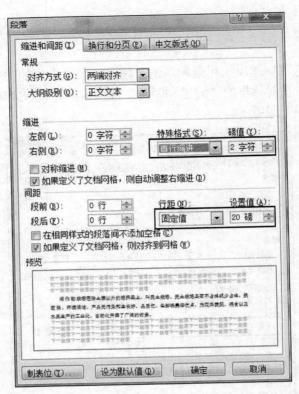

【步骤3】 用鼠标左键拖曳选中第一个标题行，按住"Ctrl"键不放，用鼠标左键分别选取正文的其他标题部分（包括参考文献标题，共8个），同上打开"段落"对话框，在特殊格式的下拉列表中选择"无"，单击"确定"按钮，再利用工具栏中的字体、字号按钮设置正文标题部分为"黑体，小四号字"。

【步骤4】 光标定位在正文第一段中，在"插入"菜单中单击"首字下沉"，选择"首字下沉选项"，在"首字下沉"对话框中设置下沉、字体和行数（华文新魏，2行），如下图所示。

实训要求7 　将正文中的所有"杨梅"替换为橙色加粗的"草莓"（提示：共8处）。

操作步骤

　　光标定位在关键词段落的下一行，在"开始"菜单中单击"替换"按钮，在打开的"查找和替换"对话框中，先单击"更多"按钮扩展对话框，在查找框中输入"杨梅"，在替换为框中输入"草莓"，选中"草莓"两字，单击左下角的"格式"按钮，在列表中选择"字体"命令，打开"字体"对话框，在其中设置字体颜色为"橙色"，字型为加粗，单击"确定"按钮，再单击"全部替换"按钮，出现提示信息后单击"确定"按钮，再关闭替换对话框，如下图所示。

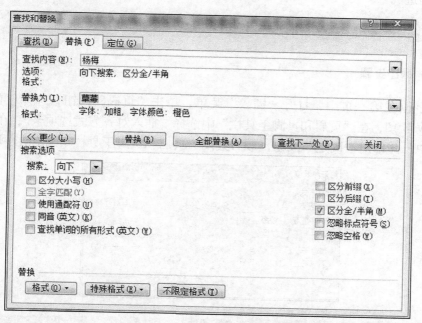

实训要求 8　　给"二、实践原理"中的"水分"加脚注为"水：H_2O"。

操作步骤

　　光标定位在"二、实践原理"中的"水分"两字之后，在"引用"菜单中选择"插入脚注"按钮，此时光标跳到页面底端，输入"水：H2O"，用鼠标选中数字"2"，在"开始"菜单中单击"**x₂** 下标"按钮将数字 2 设置为下标。

实训要求 9　　在标题"草莓的无土栽培"后插入尾注，内容为"此论文的内容来源于互联网"。

操作步骤

　　光标定位在标题文字之后，在"引用"菜单中选择"插入尾注"按钮，此时光标跳到全文的末尾，输入"此论文的内容来源于互联网"即可。

实训要求 10　　　给"六、观察记录情况"中的 4 个段落添加项目符号"✔",并设置为"无缩进"。

🖥 **操作步骤**

利用鼠标左键拖动选中"六、观察记录情况"中的 4 个段落,在"开始"菜单中,单击"∷·项目符号"按钮边的小箭头,选择"✔"号,再单击"⯈减少缩进量"按钮调整为"无缩进"。

实训要求 11　　　给整篇文档插入页码,并设置为"页面底端,居中"。

🖥 **操作步骤**

光标定位在第一页中,打开"插入"菜单,单击"页码"按钮,选择"页面底端"→"普通数字 1",在"页眉和页脚工具栏"中选择"插入对齐方式选项卡",在对话框中选择"居中"并单击"确定"按钮,最后关闭"页眉和页脚工具栏",如下图所示。

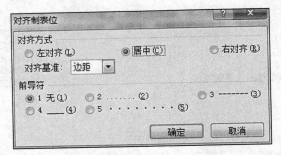

实训要求 12　　　保存所有设置,关闭文档,上交电子文档。

🖥 **操作步骤**

单击"🖫保存"按钮,单击窗口右上角的"关闭"按钮关闭文档,按要求上交电子文档。

实训要求

1. 新建Word文档，保存为"课程表.docx"。

2. 在该文档中插入表格，并设置为下图所示的效果（课程名称：深蓝、加粗；第一行与第二行的分隔线设置为双线；外框线设置为1.5磅粗实线；部分内框线设置为虚线；斜线表头；"上午、下午、晚上"的文字方向设置为竖直）。

时间＼星期		一	二	三	四	五	备注
上午	1	高等数学	大学英语	计算机	高等数学	机械基础	8:10-9:50
	2						
	3	机械基础	哲学	机械基础		大学英语	10:10-11:50
	4						
下午	5	计算机	体育	大学英语			13:20-15:00
	6						
	7		自修	自修			15:10-15:55
晚上	8	英语听力			CAD		18:30-20:00
	9						

3. 打开"统计表.docx"，删除无分数班级所在的行，统计出4月份每个班级常规检查的总分。

4. 在表格末尾新增一行，在新行中将第1、2列的单元格合并，填入文字"总分最高"，在第3个单元格中计算出最高分；将第4、5列单元格合并，填入"总分平均"，在第6个单元格中计算出平均值（平均值保留一位小数）。

5. 将表格（除最后一行）排序，按第一关键字（第10周）降序；第二关键字（总分）降序。

得分点：

题号	1	2	3	4	5
评分	2	2	2	2	2
总分					

PART 10

实训 10
个人简历制作
——拓展练习

实训要求

参照下面所示的个人简历示例，结合自身实际情况，完成本人的简历制作。

个 人 简 历 （应届毕业生）

求职意向： **软件工程师**

姓　　名	小王	性　　别	男	出生年月	1995/12	
文化程度	大专	政治面貌	团员	健康状况	健康	
毕业院校	京沧职业技术学院		专　　业	计算机应用技术		
联系电话	13013893588	电子邮件	littlecc@163.com			
通信地址	京沧清池大道国际教育园致能大道1号		邮政编码	215104		
技能特长	程序编写和网站设计					

学历进修		时　间	学校名称	学　历	专　业
		2008/9－2011/6	京沧新区实验中学	初 中	
		2011/9－2014/6	京沧高级工业学校	高 中	计算机应用技术
		2014/9－现在	京沧职业技术学院	大 专	计算机应用技术
	主修课程	C 语言程序设计、网页设计、计算机网络基础、动态网页设计、数据结构、关系数据库、C# .NET、Windows Server 配置与管理、JAVA 程序设计、交换机路由器配置			

实践与实习	英语水平	全国四级	计算机水平		全国二级	
	时　间	单　位		职　位	评　语	
	2014/12－现在	京沧职业技术学院		机房管理	优 秀	
	2014/7－2014/8	京沧明翰电脑		计算机组装	良 好	
	2014/10－2015/5	京沧理想设计中心		网页制作	良 好	

续表

专业证书	名称	主办单位	获取时间
	计算机一级	全国计算机等级考试中心	214/12
	英语四级	全国英语等级考试中心	2015/6
	程序员	全国计算机等级考试中心	2015/7
获奖情况	荣誉称号	主办单位	获奖等级
	程序设计竞赛	京沧职业技术学院	一等奖
	院三好学生	京沧职业技术学院	
	院优秀学生干部	京沧职业技术学院	
个性特点 （包括个性、工作态度、自我评价）	**个性**：性格开朗，为人随和，善于与人交往。 **工作态度**：对于工作总有充沛的精力，同时有探究精神，对自己的工作总想把它做得最完美。 **自我评价**：做事认真负责，具有较强的责任心		

总体要求：使用表格来布局，个人信息真实可靠，实际条目及格式可自行设计，具体制作要求如下表所示。

序号	具体制作要求
1	新建 Word 文档"个人简历.docx"，进行页面设置，处理标题文字
2	创建表格并调整表格的行高至恰当大小
3	使用拆分合并单元格完成表格编辑
4	表格中内容完整，格式恰当
5	改变相应单元格的文字方向
6	设置单元格内文本的水平和垂直对齐方式
7	设置表格在页面中无论水平或垂直都为居中
8	为整张表格设置内外框线
9	完成简历表中图片的插入与格式设置

 实训详解

结合自身实际情况，完成本人的简历制作。

操作步骤

【步骤1】 启动 Word 2010 程序，窗口中会自动建立一个新的空白文档。

【步骤2】 单击窗口左上角的"■保存"按钮，或者打开"文件"菜单，选择"保存"命令（注意：文件第一次保存，即为"另存为"），在对话框中设置保存位置（计算机-本地磁盘（C:））、文件名（个人简历（小王）.docx）和保存类型，单击"保存"按钮。

【步骤3】 打开"页面布局"菜单，选择"页边距"中的"适中"。

【**步骤 4**】 输入标题"个人简历",设置字体(宋体)、字号(四号)及居中。

【**步骤 5**】 另起一行,输入"求职意向:<u>IT 助理工程师(兼职)</u>",设置字体(黑体)、字号(小四号),其中"IT 助理工程师(兼职)"是先输入文字后选中,在工具栏中用"<u>ᴜ·</u>"下画线按钮为文字添加下画线。(注意:在编辑下面的表格前再按一次该按钮取消下画线。)

【**步骤 6**】 打开"插入"菜单,选择"表格"→"插入表格"命令,在出现的对话框中确定列数为 1 列,行数为 24 行。

【**步骤 7**】 利用表格工具栏中的"█绘制表格"按钮参照样图绘制表格中的竖线。

【**步骤 8**】 利用表格工具栏中的"█擦除"按钮参照样图擦除多余的线条。

【**步骤 9**】 当鼠标移到横线或竖线上变为双箭头时,按住鼠标左键并移动,调整行高或列宽至恰当大小。

【**步骤 10**】 在表格中输入文字。

【**步骤 11**】 选中"学历进修""主修课程""实践与实习""专业证书""获奖情况"这几个单元格,单击鼠标右键,在弹出的快捷菜单中选择"文字方向"为垂直。

【**步骤 12**】 选中文字需要加粗的单元格,单击"开始"菜单中的"ʙ 加粗"按钮将文字加粗。

【**步骤 13**】 鼠标移到表格左上角,在出现的四方箭头上单击,选中整张表格,在反显部分按鼠标右键,在弹出的快捷菜单中选择"单元格对齐方式"中的"水平居中"。

【**步骤 14**】 鼠标移到表格左上角的四方箭头上单击,选中整张表格,利用表格工具栏中的"⊞·"按钮设置表格内外框线。

【**步骤 15**】 光标定位在表格右上角放照片的单元格内,打开"插入"菜单,选择"图片",插入来自文件的图片,在对话框中选择图片文件的位置及文件名,单击"插入"按钮即可。

【**步骤 16**】 单击"█保存"按钮,再单击窗口右上角的"关闭"按钮关闭文档,按要求上交电子文档。

实训 11
小报制作

1. 新建Word文档，保存为"城市生活.docx"。

2. 页面设置为"纸张：16开，页边距：上下各1.9厘米，左右各2.2厘米"。

3. 参照效果图，在页面左边插入矩形图形，图形格式为"填充色：酸橙色（红色：153；绿色：204；蓝色：0）、边框：无"。

4. 参照效果图，在页面左侧插入矩形图形，添加相应文本（第一行末插入五角星），设置矩形格式为"填充色：深色50%、边框：无"，设置文本格式为"Verdana、小四、白色"（五角星为橙色）。

5. 将"图片插入/粘贴方式"的默认设置更改为"四周型"后，插入两张图片，分别为"室内.png"和"室外.png"，大小及位置设置参照效果图。

6. 参照效果图，在页面右上角插入文本框，添加相应文本，设置主标题"MARUBIRU"格式为"Arial、小初、加粗、阴影（其中"MARU"为深红色）"，副标题"玩之外的设计丸之内"格式为"华文新魏、小三"，正文格式为"默认字体、字号10、首行缩进2字符"，文本框格式为"填充色：无，边框：无"。

7. 参考效果图，在页面左上角插入艺术字，在艺术字样式中选择"第三行第五列"，内容为"给我"，格式为"华文新魏、48磅、深红、垂直"。

8. 参考效果图，在艺术字"给我"的左边插入竖排文本框，内容参照效果图添加，英文格式为"Verdana、白色"，文本框格式为"填充色：无，边框：无"。

9. 参照效果图，在艺术字"给我"的下方插入文本框，内容参照效果图添加，文本格式为"Comic Sans MS、30，行距：固定值35磅"。文本框格式为"填充色：无，边框：无"。

10. 参照效果图，插入圆角矩形，其中添加文本"MO2"，设置文本格式为"Verdana、五号"，文本框格式为"填充色：深红，边框：无，文本框/内部边距：左、右、上、下各0厘米"。

11. 参照效果图，在页面左下角插入竖排文本框，内容参照效果图添加，文本格式为"宋体、小五，字符间距：加宽1磅、首行缩进2字符"，文本框格式为"填充色：无，边框：无"。

12. 选中所有对象进行组合，根据效果图调整至合适的位置。

得分点：

题号	1、2	3	4	5	6	7	8	9	10	11、12
评分	1	1	1	1	1	1	1	1	1	1
总分										

实训 12
信息简报制作
——拓展练习

实训要求

参照下图所示信息简报的效果图，完成小报制作。

总体要求：纸张为 A3，页数为 1 页。根据提供的图片、文字和表格等素材，参照具体制作要求完成简报。内容必须使用提供的素材，可适当在网上搜索素材进行补充。最后完成的版式及效果可自行设计，也可参照给出的效果图完成。具体制作要求如下表所示。

序号	具体制作要求
1	主题为"创建文明城市"
2	必须要有图片、文字、表格 3 大元素
3	包含报刊各要素（刊头、主办、日期和编辑等）
4	必须使用艺术字、文本框（链接）、自选图形、边框和底纹
5	素材需经过加工，要有一定原创部分
6	要求色彩协调，标题醒目、突出，同级标题格式相对统一
7	版面设计合理，风格协调
8	文字内容通顺，无错别字和繁体字
9	图文并茂，文字字距、行距适中，文字清晰易读
10	装饰的图案与花纹要结合简报的性质和内容

 实训详解

根据提供的图片、文字和表格等素材，完成信息简报的制作。

操作步骤

【**步骤 1**】　启动 Word 2010 程序，窗口中会自动建立一个新的空白文档。

【**步骤 2**】　单击窗口左上角的"📁保存"按钮，或者打开"文件"菜单，选择"保存"命令（注意：新文件第一次保存，即为"另存为"），在对话框中设置保存位置（计算机-本地磁盘（C:））、文件名（小报拓展练习（小 C）.docx）和保存类型，单击"📁保存"按钮。

【**步骤 3**】　在"页面布局"中选择"纸张大小"为 A3，"页边距"为适中。

【**步骤 4**】　用"插入"表格（2 行 4 列）的方式制作刊头。在相应单元格内输入文字或插入图片，并做进一步编辑，最后将表格框线按要求设成"无"或"虚线"。

【**步骤 5**】　参考样张，在刊头下方"插入"艺术字"时事政治"。参考样张，用"插入"形状"直线"绘制 3 条线段，按住"Ctrl"键选中这 3 条线段后单击鼠标右键，选择快捷菜单中的"组合"命令，将这 3 条线段组合成一个图形，将素材中的相关文字复制到该图形中，并做格式设置。

【**步骤 6**】　将素材中的"创建全国……摘自苏州日报"复制到指定位置。选中这些文字，在"页面布局"中选择"分栏"，分成 3 栏。光标定位在第一段中，选择"插入"中的"首字下沉"，下沉 3 行，选中该字设置字体颜色为绿色，并添加文字效果（阴影）。

参考样张选中相关文字，选择"**B** 加粗"按钮将这些文字加粗。

【步骤 7】 选中最后一段中的文字"99.2%"，利用工具栏中的"▲·字体颜色"和"Ⓐ 字符边框"按钮将字体颜色设为绿色，并加边框。

【步骤 8】 利用"插入"中的"文本框"在页面左侧相应位置插入 3 个文本框，并将素材中的相关文字复制到对应的文本框内，参考样张进行格式设置（注意：其中五角星和带圈数字序号用"插入"→"符号"输入）。

【步骤 9】 参考样张，用"插入"→"形状"→"直线"画好辅助线，用"插入"→"图片"→"插入来自文件图片"的方法将各图片插入指定位置，并调整大小、对齐位置，用"插入"→"文本框"→"绘制文本框"的方法，在各张图片下面加说明（注意：将文本框的形状轮廓设为"无轮廓"）。

【步骤 10】 用"插入"→"艺术字"在各张图片的左上角插入艺术字"美丽苏州"，设置文字方向为垂直。

【步骤 11】 用"插入"→"形状"→"直线"，在"美丽苏州"左侧画好 3 条直线并组合，再选择"插入"→"文本框"→"绘制竖排文本框"，在文本框中输入文字"苏州各区图片一览"（注意：将竖排文本框的形状填充和形状轮廓都设成"无"）。

【步骤 12】 参考样张，在页面底端用"插入"→"文本框"→"绘制文本框"的方法完成"文字图片来源……"说明，并设置相应的颜色和填充色。最后保存并关闭文档，上交作业。

实训 13
长文档编辑

实训要求

1. 将"毕业论文-初稿.docx"另存为"毕业论文-修订.docx",并将另存后的文档的页边距上、下、左、右均设为2.5厘米。

2. 将封面中的下画线长度设为一致。

3. 将封面底端多余的空段落删除,使用"分页符"完成自动分页。

4. 在"内容摘要"前添加论文标题:苏州沧浪区"四季晶华"社区网站(后台管理系统),格式:"宋体、四号、居中"。将"内容摘要"与"关键词:"的格式统一设置为"宋体、小四、加粗"。

5. 将关键词部分的分隔号由逗号更改为中文标点状态下的分号。设置"内容摘要"所在页中所有段落的行距为固定值、20磅。

6. 建立样式对各级文本的格式进行统一设置。"内容级别"的格式为"宋体、小四、首行缩进2字符,行距:固定值20磅,大纲级别:正文文本";以后建立的样式均以"内容级别"为基础,"第一级别"为"加粗、无首行缩进,段前和段后均为0.5行;大纲级别:1级";"第二级别"为"无首行缩进,大纲级别:2级";"第三级别"为"无首行缩进、大纲级别3级";"第四级别"为"大纲级别4级"。最后,参照"毕业论文-修订.pdf"中的最终结果,将建立的样式应用到对应的段落中。

7. 将"三、系统需求分析(二)开发及运行环境"中的项目符号更改为"🖥"符号。

8. 删除"二、系统设计相关介绍(一)ASP.NET技术介绍"中的"分节符(下一页)"。

9. 在封面页后(即第2页开始)自动生成目录,目录前加上标题"目录",格式为"宋体、四号、加粗、居中",整体目录内容格式为"宋体、小四,行距:固定值、18磅"。

10. 为文档添加页眉和页脚,页眉左侧为学校LOGO图片,右侧为文本"毕业设计说明书",页脚插入页码,居中。

11．在目录后从论文标题开始另起一页，且从此页开始编页码，起始页码为"1"。去除封面和目录的页眉和页脚中所有内容。

12．使用组织结构图重新绘制论文中的"图7 系统功能结构图"，并修正原图中的错误，删除多余的"发布新闻"结构。

13．修改参考文献的格式，使其符合规范。

14．将"三、系统需求分析（二）开发及运行环境"中的英文字母全部更改为大写。

15．对全文使用"拼写和语法"进行自动检查。

16．在有疑问或内容需要修改的地方插入批注。给"二、系统设计相关介绍（一）ASP.NET技术介绍"中的"UI，简称USL"文本插入批注，批注内容为"此处写法有逻辑错误，需要修改"。

17．文档格式编辑完成后，更新目录页码。

18．同时打开"毕业论文-初稿.docx"和"毕业论文-修订.docx"两个文档，使用"并排查看"快速浏览完成的修订。

得分点：

题号	1、2	3	4、5	6、7	8、9	10、11	12、13	14、15	16	17、18
评分	1	1	1	1	1	1	1	1	1	1
总分										

实训 14
产品说明书的制作
——拓展练习

实训要求

使用提供的文字和图片资料，根据以下步骤，完成产品说明书的制作。部分页面的效果如图所示，最终效果见"产品说明书.pdf"。

1. 页面设置：纸张大小为A4，页边距上、下、左、右均为2厘米。

2. 在封面中插入图片"logo.jpg"。

3. 封面中两个标题段均设置"左缩进24字符"，英文标题格式为"Verdana、一号"；中文标题格式为"黑体、灰色-40%、字符间距为紧缩1磅"。

4. 在封面中插入分页符产生第2页。

5. 在第2页中输入"目录"，格式为"黑体、一号、居中"。

6. 节数的划分：封面、目录为第1节，正文为第2节，第2节中设置奇偶页脚，页脚内容为线和页码数字。奇数页页脚内容右对齐，偶数页页脚内容左对齐。

7. 正文编辑前新建样式，具体如下。

章：黑体、一号，左缩进10字符，紧缩1磅，大纲级别为1。

节：华文细黑、浅蓝、三号、加粗，左右缩进2字符，首行缩进2字符，大纲级别为2。

小节：华文细黑、浅蓝、小三，左右缩进2字符，首行缩进2字符，大纲级别为3。

内容：仿宋_GB2312、四号、左右缩进2字符，首行缩进2字符。

8. 将新建样式（章、节、小节）分别应用到多级符号列表中，每级编号为I、i、· 3种。

9. 设置自动生成题注，使插入的图片、表格自动编号，更改图片大小至合适。

10. "警告"部分的格式为华文细黑，"【警告】"颜色为浅蓝，行距1.5倍，加"靛蓝"边框。

11. 为内容中的网址设置超链接。

12. 为"输入文本:"部分设定项目编号,为"接受或拒绝字典建议:"部分设定项目符号为"方框"。

13. 将文本转换为表格,表格格式:左、右及中间线框不设置。

14. 在最后一页选中相应文本完成分栏操作。

15. 目录内容自动生成,设置格式为"黑体、四号"。

16. 对文档进行安全保护(只读,不可进行格式编辑和修订操作)。

目　录

项目	表1
	用途
10W USB电源适配器	使用10W USB电源适配器，可为iPad供电并给电池充电
基座接口转USB电缆	使用此电缆将iPad连接到电脑以进行同步，或者连接到10W USB电源适配器以进行充电。将此电缆与可选购的iPad基座或iPad Keyboard Dock键盘基座搭配使用，或者将此电缆直接插入iPad

ii按钮

几个简单的按钮可让您轻松地开启和关闭iPad、锁定屏幕方向以及调整音量。

· 睡眠/唤醒按钮

如果未在使用iPad，则可以将其锁定，按钮位置如下图所示。如果已锁定iPad，则在您触摸屏幕时，不会有任何反应，但是您仍可以聆听音乐以及使用音量按钮。

睡眠/唤醒按钮

· 屏幕旋转锁和音量按钮

通过屏幕旋转锁，使iPad屏幕的显示模式保持为竖向或横向。使用音量按钮来调整歌曲和其他媒体的音量，以及提醒和声音效果的音量。

 **实训详解**

实训要求 1	新建 Word 文件，保存在 C 盘根目录，文件名为 "长文档拓展练习（小C）.docx。"

操作步骤

【步骤 1】 启动 Word 2010 程序，窗口中会自动建立一个新的空白文档。

【步骤 2】 单击窗口左上角的 "📧保存" 按钮，或者打开 "文件" 菜单，选择 "保存" 命令（注意：新文档第一次保存，即为 "另存为"），在对话框中设置保存位置（计算机-本地磁盘（C：））、文件名（长文档拓展练习（小 C）.docx）和保存类型，单击 "保存" 按钮。

实训要求 2	页面设置为纸张大小 A4，页边距上、下、左、右均为 2 厘米。

操作步骤

在 "页面布局" 选项卡中 "纸张大小" 选择 A4，在 "页边距" 中选择 "自定义边距……"，在出现的对话框中设置上、下、左、右边距均为 2 厘米。

实训要求 3	在封面中插入图片 "logo.jpg"。

操作步骤

在 "插入" 选项卡中 "图片" 处选择 "插入来自文件图片"，在相应素材文件夹中找到指定图片，选中插入即可。

实训要求 4	封面中两个标题段均设置为 "左缩进 24 字符，英文标题格式：Verdana、一号；中文标题格式：黑体、一号、白色、背景 1、深色–50%、字符间距为紧缩 1 磅"。

操作步骤

将素材文件中的相应文字选中并复制到封面中（和 logo.jpg 图片空开 3 行），选中这两行标题，在 "开始" 选项卡中选择 "段落" 菜单右边的 "小箭头" 打开 "段落" 对话框，设置左缩进为 24 字符并单击 "确定" 按钮；选中英文标题，用 "开始" 选项卡中的字体、字号按钮设置为 Verdana、一号；选中中文标题，在 "开始" 功能区中打开 "字体" 对话框，设置字体为黑体，字号为一号，在字体颜色列表中选择 "白色、背景 1、深色–50%"，在高级选项卡中设置 "间距" 为紧缩 1 磅。

实训要求 5 封面中插入分页符产生第 2 页。

操作步骤

将光标定位在中文标题文字之后，用"插入"选项卡中的"分页"按钮完成。

实训要求 6 在第 2 页中输入"目录"，格式为"黑体、一号、居中"。

操作步骤

在第 2 页中输入"目录"，用"开始"选项卡中的字体、字号、对齐按钮设置格式为"黑体、一号、居中"。

实训要求 7 将节数按要求划分。封面、目录为第 1 节，正文为第 2 节，第 2 节中设置奇偶页脚，页脚内容为线和页码数字。奇数页页脚内容右对齐，偶数页页脚内容左对齐。

操作步骤

【步骤 1】 将光标定位在"目录"之后，用"页面布局"—"分隔符"—"分节符"—"下一页"将正文与前面的封面和目录分节。将素材文件中的正文部分复制到新产生的页面中。

【步骤 2】 在第 2 节正文的奇数页，在"插入"—"页脚"中选择"编辑页脚"，在页眉页脚工具栏中勾选"奇偶页不同"，分别在页眉和页脚处断开"链接到前一条页眉"，选择"页码"中的"设置页码格式"，页码编号选中"起始页码"为 1，在"开始"选项卡中用右对齐按钮设置右对齐，在"插入"选项卡中通过"形状"—"直线"在页码旁画一直线。在偶数页再次插入页码，设置左对齐、画线。

实训要求 8 正文编辑前新建样式，具体如下。章：黑体、一号，左缩进 10 字符，紧缩 1 磅，大纲级别为 1；节：华文细黑、浅蓝、三号、加粗，左右缩进 2 字符，首行缩进 2 字符，大纲级别为 2；小节：华文细黑、浅蓝、小三，左右缩进 2 字符，首行缩进 2 字符，大纲级别为 3；内容：仿宋_GB2312、四号、左右缩进 2 字符，首行缩进 2 字符。

操作步骤

在"开始"选项卡中单击"样式"边的"小箭头"按钮，打开样式窗口，用该窗口左下角的"新建样式"按钮分别建立章、节、小节、内容的样式。其中章的样式如下图所示。

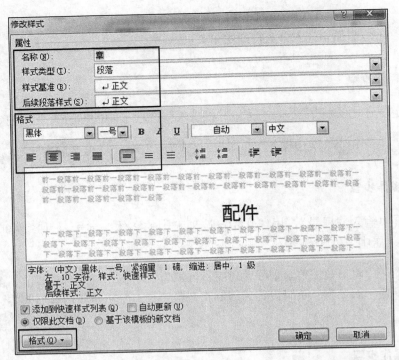

在以上对话框中输入样式名，设置字体、字号、居中，再单击左下角的"格式"按钮选择"字体"命令继续设置字符紧缩，单击"段落"设置左缩进和大纲级别，如下图所示。

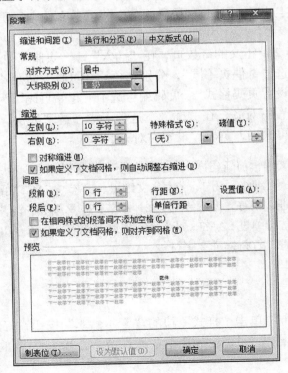

其他节、小节等的样式照此方法进行设置。

操作步骤

【步骤1】　在样式窗口中选择章样式，单击其右侧的"箭头"，在下拉菜单中选择"修改"命令，打开"修改样式"对话框，单击左下角的"格式"按钮，选择菜单中的"编号"命令，在出现的对话框中选定编号样式并确定即可，如下图所示。

其他节和小节的编号也是这样修改，其中小节的编号样式为"·"，可以通过单击"定义新编号格式"来定义。

【步骤2】　完成以上各样式编号的修改后，就可以将样式应用到各级文本上了。具体方法：在"视图"选项卡中选择"大纲视图"，利用大纲工具栏的按钮将文本调整到各级大纲级别（参考样张），并套用已经定义好的样式，如下图所示。

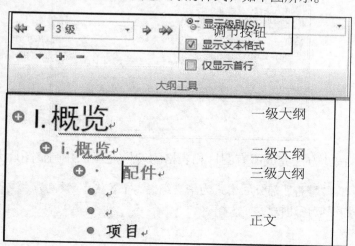

实训要求 10	设置自动生成题注，使插入的图片、表格自动编号，调整图片大小至合适。

操作步骤

【步骤 1】 参考样张，将光标定位在插入的第一张图片处，在"引用"选项卡中选择"插入题注"命令，出现如下对话框。

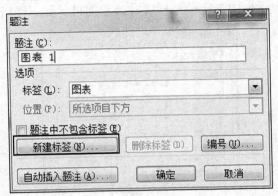

单击"新建标签"按钮，输入新标签"图"，单击"编号"，选择数字序号"1，2，3，…"，位置为"所选项目下方"，确定即可。

如果要自动插入表的题注，单击上图中的"自动插入题注"，在出现的对话框中勾选"Microsoft Word 表格"，"新建标签"为"表"，位置为"项目上方"，编号为"1，2，3，…"，单击"确定"按钮即可，如下图所示。

【步骤 2】 按此方法完成所有图片和表格的编号处理，并调整图片大小至合适。

实训要求 11	"警告"部分的格式为华文细黑，"【警告】"颜色为"浅蓝，行距 1.5 倍，加深蓝色边框"。

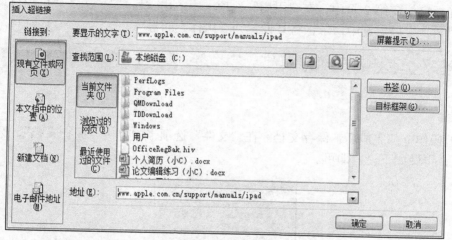

操作步骤

选中"警告"段文字，在"开始"选项卡中设置字体为"华文细黑"，打开"段落"对话框，在行距中设置"1.5 倍"，单击"⊞·下框线"按钮边的小箭头，在菜单中找到"边框和底纹"命令，打开对话框，先选择颜色，再单击"方框"；最后选中"警告"两字，单击"▲·字体颜色"按钮将其设置成浅蓝色。

实训要求 12　　为内容中的网址设置超链接。

操作步骤

选中网址部分，在"插入"中选"超链接"，出现如下对话框。

单击"确定"按钮即可。

实训要求 13　　"输入文本："部分设定项目编号，设定"接受或拒绝字典建议："部分项目符号为"方框"。

操作步骤

选中"输入文本："下面的两行，单击"⊞编号"按钮添加数字编号；选中"接受或拒绝字典建议："部分文字，单击"⊞项目符号"按钮，在其中选定方框即可。

实训要求 14　　将文本转换为表格，表格格式为"左、右及中间线框不设置"。

操作步骤

参考样张，找到需要转换成表格的文字，将同一行两列文字之间用制表符隔开，完成调整后，选中这几行，在"插入"选项卡中单击"表格"，再选中"文本转换成表格"，单击"确定"按钮即可。表格转换成功后，选中整张表格，单击"开始"中"⊞·下框线"

按钮边的小箭头，选择"边框和底纹"，在对话框的预览区将左、右及中间线去掉并单击"确定"按钮。

实训要求 15 在最后一页选中相应文本完成分栏操作。

操作步骤

选中相应的文本，在"页面布局"选项卡中单击"分栏"，再选择分两栏即可。

实训要求 16 目录内容自动生成，设置格式为"黑体、四号"。

操作步骤

将光标定位在第 2 页中，在"引用"选项卡中单击"目录"，选择"自动目录 1"即可生成目录，之后再选中目录，将其设置为"黑体、四号"。

实训要求 17 对文档进行安全保护（只读，不可进行格式编辑和修订操作）。

操作步骤

以上操作全部完成后，保存文档。在"文件"选项卡中单击"保护文档"，选择"限制编辑"，再做如下设置即可。

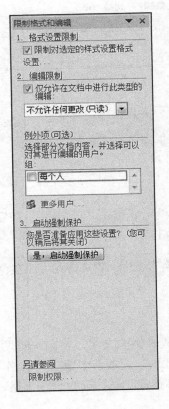

PART 15

实训 15
Word 综合应用

实训要求

　　完成"舍友"期刊的制作。总体要求：纸张为 A4，页数至少 20 页。整体内容编排顺序为封面、日期及成员、卷首语、目录、期刊内容（围绕大学生活，每位宿舍成员至少完成 2 页的排版）和封底。

　　内容以原创为主，可适当在网上搜索素材进行补充，但必须注明出处。实际完成的版式及效果需自行设计，具体制作要求如下表所示。

序号	具体制作要求
1	刊名"舍友"，格式效果自行设计
2	宿舍成员信息真实，内容以原创为主
3	使用的网络素材需经过加工后再使用
4	需要用到图片、表格、艺术字、文本框、自选图形等
5	目录自动生成或使用制表位完成
6	要做到色彩协调，标题醒目、突出，同级标题格式相对统一
7	版面设计合理，风格协调
8	图文并茂，文字字距、行距适中，文字清晰易读
9	使用"节"，使页码从期刊内容处开始编码
10	页眉和页脚需根据不同版块设计不同的内容

得分点：

题号	1	2	3	4	5	6	7	8	9	10
评分	1	1	1	1	1	1	1	1	1	1
总分										

46

实训要求

1. 在"4.1 要求与素材.xlsx"工作簿中的"素材"工作表后插入一张新的工作表,命名为"某月碳酸饮料送货销量清单"。

2. 将"素材"工作表中的字段名行选择性粘贴(数值)到"某月碳酸饮料送货销量清单"工作表中的 A1 单元格。

3. 将"素材"工作表中的前 10 条数据记录(从 A4 到 A13 区间范围内的所有单元格)复制到"某月碳酸饮料送货销量清单"工作表从 A4 开始的单元格区域中,并清除单元格格式。

4. 在"客户名称"列前插入一列,在 A1 单元格中输入"序号",在 A4:A13 单元格内使用填充句柄功能自动填入序号"1、2、…"。

5. 在"联系电话"列前插入两列,字段名分别为"路线""渠道编号",分别输入对应的路线和渠道编号数值。

6. 删除字段名为"联系电话"的列。

7. 在 A14 单元格中输入"日期:",在 B14 单元格中输入当前日期,并设置日期类型为"2001 年 3 月 14 日"。在 C14 单元格中输入"单位:",在 D14 单元格中输入"箱"。

8. 将工作表中所有的"卖场"替换为"超市"。

9. 在第一行之前插入一行,将 A1:E1 单元格设置为跨列居中,输入标题"某月碳酸饮料送货销量清单"。

10. 调整表头格式,使用文本控制和文本对齐方式合理设置字段名,并将表格中所有文本的对齐方式设置为居中对齐。

11. 将标题文字格式设置为"仿宋、11 磅、蓝色";将字段名行的文字格式设置为"宋体、9 磅、加粗";将记录行和表格说明文字的数据格式设置为"宋体、9 磅"。

12. 将该表的所有行和列设置为最适合的行高和列宽。

13. 将工作表中除第 1 行和第 15 行外的数据区域边框设置格式为"外边框—粗实线;内边框—实线"。

14. 将工作表中字段名部分 A2:E4 数据区域设置边框格式为"外边框粗实线，内边框粗实线"。将工作表字段名部分 F3:E4 数据区域设置边框格式为"外边框粗实线"。将工作表中记录行部分 A5:E14 数据区域设置边框格式为"内边框垂直线条（粗实线）"。

15. 将工作表中 F3:O14 数据区域和 U3:W14 数据区域设置背景颜色为"80%蓝色（第 2 行、第 5 列）"。

16. 设置所有销量大于 15 箱的单元格格式为字体颜色"蓝色"，字形"加粗"。

17. 复制"某月碳酸饮料送货销量清单"工作表，重命名为"某月碳酸饮料送货销量清单备份"。

得分点：

要求	1、2	3	4、5	6、7	8、9	10、11	12、13	14、15	16	17
评分	1	1	1	1	1	1	1	1	1	1
总分										

实训要求

1. 在本工作簿（扩展练习要求与素材.xlsx）中的"素材"工作表后插入一张新的工作表，命名为"员工信息"。

2. 将"素材"工作表中的字段名行选择性粘贴（数值）到"员工信息"工作表中的 A1 单元格。

3. 将"素材"工作表中的部门为"市场营销部"的记录（共 4 条）复制到"员工信息"工作表的 A2 单元格，并清除单元格格式。

4. 以下操作均在"员工信息"工作表中完成。

（1）删除"出生年月""何年何月毕业""入党时间""参加工作年月""专业""项目奖金""福利""出差津贴"和"健康状况"字段。

（2）在"姓名"列前插入一列，在 A2 单元格中输入"编号"，在 A2:A5 单元格内使用填充柄功能自动填入序号"1、2、…"。

（3）在"学历"列前插入一列，字段名为"身份证号码"，分别输入 4 名员工的身份证号"321082196510280000""321478197103010000""320014197105200000"和"329434195305120000"。

（4）在 B7 单元格中输入"部门性别比例：（女/男）"（冒号后加 Enter 键换行），在 C7 单元格中输入比例（用分数形式表示）。

（5）将工作表中所有的"硕士"替换为"研究生"，"专科"替换为"大专"。

（6）在第 1 行之前插入一行，将 A1:L1 单元格设置为跨列居中，输入标题："市场营销部员工基本信息表"，并将格式设置为"仿宋、12、深蓝"。

（7）将字段名行的文字格式设置为"宋体、10、加粗"；将记录行的数据格式设置为"宋体、10"；将 B7 单元格的文字格式设置为"加粗"。

（8）为工作表中除第 1 行和第 7 行外的数据区域设置边框格式，外边框为"粗实线、深蓝"；内边框为"虚线、深蓝"；字段名所在的行设置图案为"水绿色"。

（9）将第 2 行与第 3 行的分隔线设置为"双实线、深蓝"。

（10）在 K8 单元格内输入："制表日期："，在 L8 单元格内输入当前日期，并设置格式为"*年*月*日"。

（11）将"基本工资"列中的数据设置为显示小数点后两位，使用货币符号"￥"，使用千位分隔符。

（12）设置所有基本工资小于 5,000 的单元格格式为字体颜色绿色（使用条件格式设置）。

（13）将该表的所有行和列设置为最适合的行高和列宽。

（14）复制"员工信息"工作表，重命名为"自动格式"，将该表中的第 2 行至第 6 行所在的数据区域自动套用"表样式深色 3"格式。

 实训详解

实训要求 1	在本工作簿文件（要求与素材.xlsx）中的"素材"工作表后插入一张新的工作表，命名为"员工信息"。

操作步骤

启动 Excel 2010 程序，在"开始"选项卡中用"打开"命令打开指定位置的"拓展练习要求与素材.xlsx"文件，或者找到该文件后双击打开。在表标签部分单击"🆕 新建"，在"素材"工作表后插入了一张新工作表，默认工作表名为"Sheet1"，双击"Sheet1"反显后输入新工作表名"员工信息"后按"Enter"键。

实训要求 2	将"素材"工作表中的字段名行选择性粘贴（数值）到"员工信息"工作表中的 A1 单元格。

操作步骤

单击表标签上的"素材"切换到该工作表，鼠标呈空心十字时拖曳选中字段名行，单击"开始"中的"📋·复制"按钮，切换到"员工信息"表中，定位在 A1 单元格，在"开始"中单击"粘贴"按钮，在其中选择粘贴数值，如下图所示。

实训要求 3 将"素材"工作表中的部门为"市场营销部"的记录（共 4 条）复制到"员工信息"工作表的 A2 单元格，并清除单元格格式。

操作步骤

在"素材"工作表中，单击行号 9 选中第一条"市场营销部"的记录，按住"Ctrl"键，鼠标左键拖动选中行号 18 到 20，即选中另 3 条记录，单击"开始"中的"📋·复制"按钮，切换到"员工信息"表中，定位在 A2 单元格，在"开始"中单击"粘贴"按钮，在其中选择粘贴数值。

实训要求 4 删除字段名为"出生年月""何年何月毕业""入党时间""参加工作年月""专业""项目奖金""福利""出差津贴"和"健康状况"这些列。

操作步骤

在"员工信息"表中，单击"出生年月"列上方的列号，再按住"Ctrl"键，分别单击要删除列上方的列标，在被选中的列标上单击鼠标右键，打开快捷菜单，在其中选择"删除"命令即可。

实训要求 5 在"姓名"列前插入一列，在 A1 单元格中输入"编号"，在 A2:A5 单元格内使用填充柄功能自动填入序号"1、2、…"。

操作步骤

右键单击列标 A，在快捷菜单中选择"插入"命令，单击选中 A1 单元格输入"编号"两字，在 A2 单元格内输入 1，按住"Ctrl"键，用填充句柄拖动填入序号"1，2，…"。

实训要求 6 在"学历"列前插入一列，字段名为"身份证号码"，分别输入 4 名员工的身份证号"321082196510280342""321478197103010720""320014197105200961"和"329434195305121140"。

操作步骤

右键单击"学历"列上方的列标，在快捷菜单中选择"插入"命令插入一个新列，在新插入列的第 1 行输入"身份证号码"，在以下几个空单元格内用输入数字文本的方式分别输入各身份证号码（注：先输入一个英文状态下的单引号，再输入数字即为数字文本）。

实训要求 7 在 B7 单元格中输入"部门性别比例：（女/男）"（冒号后按"Enter"键换行），在 C7 单元格中输入比例（用分数形式表示）。

操作步骤

单击选中 B7 单元格，输入"部门性别比例："后按住"Alt"键同时按"Enter"键即可在同一单元格内换行，然后继续输入"（女/男）"，选中 C7 单元格，先输入数字 0，按一下空格键，然后输入"1/3"即可输入分数形式。

实训要求 8	将工作表中所有的"硕士"替换为"研究生"，"专科"替换为"大专"。

操作步骤

将光标定位在 A1 单元格内，在"开始"中单击"查找和替换"按钮，在下拉列表中选择"替换"命令，打开"替换"对话框，在对话框中输入查找内容和替换内容后单击"全部替换"按钮，如下图所示。

用同样方法再操作一次，将"专科"替换为"大专"，最后关闭对话框。

实训要求 9	在第 1 行之前插入一行，将 A1:L1 单元格设置为跨列居中，输入标题："市场营销部员工基本信息表"，并将格式设置为"仿宋、12、深蓝"。

操作步骤

右键单击行号 1，在快捷菜单中选择"插入"命令插入一行，鼠标呈空心"十"字，将其从 A1 拖动到 L1 选中，在"开始"功能区中单击"合并后居中▾"按钮，输入标题："市场营销部员工基本信息表"，并利用字体、字号和字体颜色工具按钮将格式设置为"仿宋、12、深蓝"，如下图所示。

实训要求 10	将字段名行的文字格式设置为"宋体、10、加粗"；将记录行的数据格式设置为"宋体、10"；将 B7 单元格的文字格式设置为"加粗"。

操作步骤

鼠标呈空心"十"字将其从 A2 拖动到 L2 选中，同上题一样利用字体、字号等按钮按要求进行格式设置（宋体、10、加粗），将鼠标从 A3 拖动到 L8 选中区域，将格式设置为"宋体、10"，最后选中 B7 单元格，利用"**B**"按钮加粗。

实训要求 11 为工作表中除第 1 行和第 7 行外的数据区域设置边框格式，外边框为"粗实线、深蓝"；内边框为"虚线、深蓝"；字段名所在的行设置图案为"水绿色"。

操作步骤

鼠标空心"十"字从 A2 拖曳到 L6 选中区域，在"开始"中单击"⊞▾"按钮边的小箭头，在下拉菜单中选择"其他边框……"命令，在出现的对话框中选择线型样式和颜色，再分别单击"外边框"和"内部"，如下图所示。

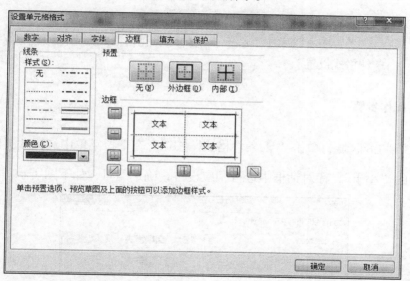

选中 A2 到 L2 区域，用"⬧▾"按钮设置填充颜色为"水绿色"。

实训要求 12 将第 2 行与第 3 行的分隔线设置为"双实线、深蓝"。

操作步骤

选中 A2 到 L2 区域，同上步骤一样打开"其他边框……"对话框，选择线型样式为双线，再单击下边框。

实训要求 13 在 K8 单元格内输入："制表日期："在 L8 单元格内输入当前日期，并设置格式为"*年*月*日"。

操作步骤

单击选中 K8 单元格，输入："制表日期："，选中 L8 单元格输入当前日期，并单击
"日期 ▾"按钮边的小箭头，在下拉列表中选择长日期即可。

实训要求 14 将"基本工资"列中的数据设置为显示小数点后两位，使用货币符号
"￥"，使用千位分隔符。

操作步骤

选中 L3 到 L6 区域，设置如下图所示。

实训要求 15 设置所有基本工资小于 5 000 的单元格格式为字体颜色"绿色"（使用
条件格式设置）。

操作步骤

选中 L3 到 L6 区域，单击"▓ 条件格式"按钮，在下拉菜单中选择"突出显示单元
格规则"中的"小于"，在对话框中进行相应设置，确定即可，如下图所示。

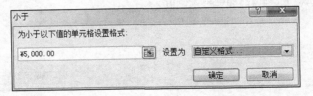

实训要求 16 将该表的所有行和列设置为最适合的行高和列宽。

操作步骤

当鼠标移到两个列号中间变为双箭头时，双击鼠标可以将列调整为最适合列宽，拖
动可以任意调整宽度；调整行高也是如此，对照样表进行设置，完成任务。

实训要求 17 复制"员工信息"工作表，重命名为"自动格式"，将该表中的第 2 行
至第 6 行所在的数据区域自动套用"表样式深色 3"格式。

操作步骤

　　用鼠标按住表标签上的"员工信息"表，再按住"Ctrl"键不放，将鼠标向右拖动即可复制一张"员工信息"表，双击表标签上的"员工信息（2）"，将它重命名为"自动格式"，选中第 2 行到第 6 行所在的数据区域，单击"　套用表格格式"按钮，选择"表样式深色 3"格式。

实训 17　员工信息表编辑排版——拓展练习

实训 18
产品销售表
——公式函数

实训要求

1. 在"某月碳酸饮料送货销量清单"工作表中，计算本月内 30 位客户购买 600mL、1.5L、2.5L 和 355mL 这 4 种不同规格的饮料箱数的总和。

2. 在"某月碳酸饮料送货销量清单"工作表中的"销售额合计"列，计算所有客户本月销售额合计，销售额的计算方法为不同规格产品销售箱数乘以对应价格的总和，不同规格产品的价格在"产品价格表"工作表内。

3. 根据用户销售额在人民币 2 000 元以上（含 2 000 元）享受八折优惠，1 000 元以上（含 1 000 元）享受九折优惠的规定，在"某月碳酸饮料送货销量清单"工作表中的"折后价格"列，计算所有客户本月销售额的折后价格。

4. 在"某月碳酸饮料送货销量清单"工作表中的"上月累计"列，填入"产品销售额累计"工作簿中"产品销售额"工作表中的"上月累计"列的数据。

5. 在"某月碳酸饮料送货销量清单"工作表中的"本月累计"列，计算截至本月所有客户销售额总和。

6. 在"某月碳酸饮料送货销量清单"工作表中的"每月平均"列，计算本年度前 7 个月所有客户销售额平均值。

7. 将"销售额合计""折后价格""上月累计""本月累计"和"每月平均"所在列的数据格式设置为保留小数点后 0 位，并加上人民币符号￥。

得分点：

要求	1	2	3	4	5	6	7
评分	1	1	2	1	2	2	1
总分							

PART 19

实训 19
员工信息表公式函数
——拓展练习

实训要求

根据以下步骤，完成员工工资的相关公式与函数的计算。

1. 在"员工工资表"中，计算每位员工的应发工资（基本工资+项目奖金+福利），填入 H2～H23 单元格中。

2. 在"职工出差记录表"中，计算每个员工的出差补贴（出差天数*出差补贴标准），填入 C2～C23 单元格中。

3. 回到"员工工资表"中，在 I 列引用"职工出差记录表"中所计算出的"出差补贴"。直接在 J 列计算员工的考勤，计算方法：基本工资/30*缺勤天数（缺勤天数在"员工考勤表.xlsx"工作簿中）。

4. 在"员工工资表"中，计算每位员工的税前工资（应发工资+出差补贴−考勤），填入 K2～K23 单元格中。

5. 在"个人所得税计算表"中的"税前工资"所在的列，引用"员工工资表"中的相关数据，并将"税前工资"列的数据进行取整计算。然后根据所得税的计算方法计算每位员工应该缴纳的个人所得税填入 C2～C23 单元格中。（个人所得税计算机方法：税前工资超过 4 000 元者起征，税率 10%。）

6. 将"员工工资表"中剩余两列"个人所得税"和"税后工资"填写完整，将"税后工资"所在列的数据格式设置为保留小数点后 2 位，并加上人民币符号￥。

7. 在"员工工资表"中的 L24 和 L25 单元格中，分别输入"最高税后工资"和"平均税后工资"，并在 M24 和 M25 单元格中使用函数计算出对应的数据。

实训详解

实训要求 1	在"员工工资表"中，计算每位员工的应发工资（基本工资+项目奖金+福利），填入 H2～H23 单元格中。

操作步骤

光标定位在 H2 单元格内，输入"="，用鼠标单击 E2 单元格，输入"+"，再单击 F2，输入"+"，单击 G2，再单击编辑栏左侧的勾号，将鼠标指针移到填充句柄上变为实心"十"字后，拖动鼠标将公式复制到 H23 单元格即可。

实训要求 2	在"职工出差记录表"中，计算每个员工的出差补贴（出差天数*出差补贴标准），填入 C2～C23 单元格中。

操作步骤

在表标签上单击"职工出差记录表"，选中 C2 单元格，输入"="，用鼠标单击 B2 单元格，输入"*"号，单击 C25 单元格，在编辑栏中 C25 之间输入"$"号，变为"C$25"，再单击编辑栏左侧的勾号确认，将鼠标指针移到填充句柄上变为实心"十"字后，拖动鼠标将公式复制到 C23 单元格即可。

实训要求 3	回到"员工工资表"中，在 I 列引用"职工出差记录表"中所计算出的"出差补贴"。直接在 J 列计算员工的考勤，计算方法：基本工资/30*缺勤天数（缺勤天数在"员工考勤表.xls"工作簿中）。

操作步骤

【步骤 1】 在"员工工资表"中，选中 I2 单元格，输入"="，用鼠标单击表标签上的"职工出差记录表"，再单击 C2 单元格，然后单击编辑栏左侧的勾号确认。回到"员工工资表"中，鼠标指针移到填充句柄上变为实心十字后，拖动鼠标将公式复制到 I23 单元格，就完成了在 I 列引用"职工出差记录表"中所计算出的"出差补贴"。

【步骤 2】 在素材文件夹中，打开"员工考勤表.xlsx"工作簿，回到"员工工资表"中，选中 J2 单元格，输入"="，单击 E2 单元格，输入"/30*"，鼠标单击任务栏上的"员工考勤表.xlsx"工作簿中的"11 月份考勤表"中的 B2 单元格，在编辑栏中删除B2 前的两个"$"符号，再单击编辑栏左侧的勾号确认，回到"员工工资表"中，将鼠标指针移到填充句柄上变为实心十字后，拖动鼠标将公式复制到 J23 单元格即可。

实训要求 4	在"员工工资表"中，计算每位员工的税前工资（应发工资+出差补贴–考勤），填入 K2～K23 单元格中。

**操作步骤**

选中 K2 单元格，输入"="，单击 H2 单元格，输入"+"，单击 I2 单元格，输入"-"，单击 J2 单元格，再单击编辑栏左侧的勾号确认，将鼠标指针移到填充句柄上变为实心"十"字后，拖动鼠标将公式复制到 K23 单元格即可。

实训要求 5	在"个人所得税计算表"中的"税前工资"所在的列，引用"员工工资表"中的相关数据，并将"税前工资"列的数据进行取整计算。然后根据所得税的计算方法计算每位员工应该缴纳的个人所得税并填入 C2 ~ C23 单元格中。（个人所得税计算方法：税前工资超过 4,000 元者起征，税率为 10%。）

**操作步骤**

【步骤 1】 在表标签上选定"个人所得税计算表"，单击 B2 单元格，输入"="，单击"员工工资表"，单击 K2 单元格，然后再单击编辑栏左侧的勾号确认，回到"个人所得税计算表"中，单击编辑栏，将光标定位在"="右边，输入"int（"，光标移到最后，再输入"+0.5)"，单击编辑栏左侧的勾号确认，将鼠标指针移到填充句柄上变为实心十字后，拖动鼠标将公式复制到 B23 单元格即可。（注：int( )为取整函数。）

【步骤 2】 单击选中 C2 单元格，输入"="，单击名称框右侧的小箭头，在下拉列表中选择 IF 函数，在 IF 函数对话框中按下图所示进行设置，并单击"确定"按钮后，再用填充句柄拖到 C23 单元格。

函数参数	? X
IF	
Logical_test	B2>4000 ▦ = TRUE
Value_if_true	(B2-4000)*0.1 ▦ = 1815
Value_if_false	0 ▦ = 0
	= 1815
判断是否满足某个条件，如果满足返回一个值，如果不满足则返回另一个值。	
	Value_if_false 是当 Logical_test 为 FALSE 时的返回值。如果忽略，则返回 FALSE
计算结果 = 1815	
有关该函数的帮助(H)	确定 取消

实训要求 6	将"员工工资表"中剩余两列"个人所得税"和"税后工资"填写完整，并将"税后工资"所在列的数据格式设置为保留小数点后 2 位，并加上人民币符号￥。

**操作步骤**

【步骤 1】 回到"员工工资表"中，单击 L2 单元格，输入"="，再单击表标签上的"个人所得税计算表"，单击 C2 单元格，单击编辑栏左侧的勾号确认，回到"员工工资表"

中，将鼠标指针移到 L2 单元格的填充句柄上，拖动鼠标到 L23 单元格即可。

【步骤 2】 单击 M2 单元格，输入 "="，单击 K2 单元格，输入 "-"，单击 L2 单元格，单击编辑栏左侧的勾号确认，将鼠标指针移到 M2 单元格的填充句柄上，拖动鼠标到 M23 单元格即可。

【步骤 3】 用鼠标选中 M2～M23 区域，在 "开始" 选项卡数字标签中进行如下设置。

| 实训要求 7 | 在 "员工工资表" 中的 L24 和 L25 单元格中分别输入 "最高税后工资" 和 "平均税后工资"，并在 M24 和 M25 单元格中使用函数计算出对应的数据。 |

操作步骤

【步骤 1】 单击 L24 单元格，输入 "最高税后工资"，单击 M24 单元格，输入 "="，单击名称框右侧的小箭头，在下拉列表中选择 "MAX" 函数，再用鼠标从 M2 拖到 M23，确定即可，如下图所示。

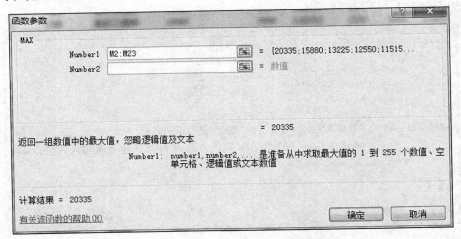

【步骤 2】 单击 L25 单元格，输入 "平均税后工资"，单击 M25 单元格，输入 "="，单击名称框右侧的小箭头，在下拉列表中选择 "AVERAGE" 函数，再用鼠标从 M2 拖到 M23，单击 "确定" 按钮即可。

实训要求

1. 将"某月碳酸饮料送货销量清单"工作表中的数据区域按照"销售额合计"的降序重新排列。

2. 将该工作表重命名为"简单排序",复制该工作表,将得到的新工作表命名为"复杂排序"。

3. 在"复杂排序"工作表中,将数据区域以"送货地区"为第一关键字的升序,"销售额合计"为第二关键字的降序,"客户名称"为第三关键字的笔画升序进行排列。

4. 复制"复杂排序"工作表,重命名为"筛选",在本工作表内统计本月无效客户数,即销售量合计为0的客户数。

5. 在B33单元格内输入"本月无效客户数:",在C33单元格内输入符合筛选条件的记录数。

6. 复制"筛选"工作表,重命名为"高级筛选",显示全部记录。筛选出本月的高活跃率客户,即表格中本月购买4种产品均在5箱以上(含5箱)的客户,最后将筛选出的结果复制至A36单元格。

7. 在B41单元格内输入"高活跃率客户数:",在C41单元格内输入符合筛选条件的记录数。

8. 复制"简单排序"工作表,重命名为"分类汇总",在本工作表中统计不同渠道的销售额总额。

9. 复制"简单排序"工作表,重命名为"数据透视表",在本工作表中统计各送货地区中不同渠道的销售量总和以及实际销售价格总和。

得分点：

要求	1	2	3	4	5	6	7	8	9
评分	1	1	2	1	1	1	1	1	1
总分									

PART 21

实训 21
员工信息表数据分析
——拓展练习

实训要求

根据以下步骤，完成员工信息的相关数据分析。

1. 在"数据管理"工作表中的L1单元格中输入"实发工资"，并计算每位员工的实发工资（基本工资+补贴+奖金），填入L2~L23单元格中。

2. 将工作表中的数据区域按照"实发工资"降序重新排列。

3. 将工作表重命名为"简单排序"，复制该工作表，将新工作表命名为"复杂排序"。

4. 在"复杂排序"工作表中，将数据区域以"每月为公司进账"为第一关键字的降序，"基本工资"为第二关键字的升序，"工作年限"为第三关键字的降序，"专业技术职务"为第四关键字按照高级工程师、工程师、助理工程师、高级会计师、会计师、高级经济师、经济师、高级人力资源管理师、人力资源管理师、营销师和助理营销师的升序进行排列。

5. 复制"复杂排序"工作表，重命名为"筛选"，将该工作表的数据区域按照"姓名"字段的笔画升序进行排列。

6. 统计5年内该公司即将退休的人员，以确定招聘新员工的人数，退休年龄为55周岁（提示：筛选出"出生年月"在1953年1月到1958年1月之间的员工）。

7. 在C25单元格内输入"计划招聘："，在D25单元格内输入符合筛选条件的记录数。

8. 复制"筛选"工作表，重命名为"高级筛选"，显示全部记录，删除第25行的内容。年底将近，人事部下发技术骨干评选条件：年龄40周岁以下，学位硕士；非助理职务或者年龄40周岁以上，学位学士，高级职务。最后将筛选出的结果复制至A29单元格。

9. 复制"简单排序"工作表，重命名为"分类汇总"。年底将近，财务部将下发奖金，现统计各部门的奖金总和（提示：分类汇总）。

实训详解

实训要求1　　　　在"数据管理"工作表中的 L1 单元格输入"实发工资",并计算每位员工的实发工资(基本工资+补贴+奖金),填入 L2 ~ L23 单元格中。

操作步骤

在"数据管理"工作表中单击 L1 单元格,输入"实发工资"并按"Enter"键,拖动鼠标选中 I2:L23 区域,单击工具栏上的"Σ 自动求和 ▾"按钮,即可求出每位员工的实发工资。

实训要求2　　　　将工作表中的数据区域按照"实发工资"的降序重新排列。

操作步骤

将光标定位在"实发工资"列中任意单元格内,单击工具栏中"┇"按钮下方的小箭头,在下拉列表中单击"A↓ 降序(O)"即可。

实训要求3　　　　将工作表重命名为"简单排序",复制该工作表,将新工作表命名为"复杂排序"。

操作步骤

双击表标签上的"数据管理",反显后直接输入"简单排序"并按"Enter"键,按住"Ctrl"键不放,向右拖动表标签上的"简单排序"就可以复制该工作表,名为"简单排序(2)",双击"简单排序(2)",反显后输入"复杂排序"并按"Enter"键。

实训要求4　　　　在"复杂排序"工作表中,将数据区域以"每月为公司进账"为第一关键字的降序,"基本工资"为第二关键字的升序,"工作年限"为第三关键字的降序,"专业技术职务"为第四关键字按照高级工程师、工程师、助理工程师、高级会计师、会计师、高级经济师、经济师、高级人力资源管理师、人力资源管理师、营销师和助理营销师的升序进行排列。

操作步骤

将光标定位在"复杂排序"工作表中有内容的任意单元格内,单击"┇排序和筛选"按钮下方的小箭头,在下拉列表中单击"▦ 自定义排序(U)…",打开如下对话框。

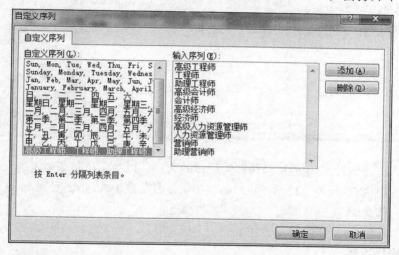

　　单击主要关键字右边的小箭头，在下拉列表中选择"每月为公司进账"，将次序设为"降序"；再单击对话框左上角的"添加条件"按钮，在次要关键字中设定"基本工资"，次序为"升序"；重复上面的操作，设定次要关键字"工作年限"为"降序"，最后一个次要关键字"专业技术职务"，在次序里选择"自定义序列……"，会打开下面的对话框。

　　在输入序列框中按要求输入各职称序列后单击"添加"按钮。出现如下对话框后单击"确定"按钮就可以完成相应的排序任务。

| 实训要求 5 | 复制"复杂排序"工作表，重命名为"筛选"，将该工作表的数据区域按照"姓名"字段的笔画升序进行排列。 |

操作步骤

按住"Ctrl"键不放，向右拖动表标签上的"复杂排序"就可以复制该工作表，命名为"复杂排序（2）"，双击"复杂排序（2）"，反显后输入"筛选"并按"Enter"键。光标定位在"姓名"列中任意单元格，单击" "按钮下方的小箭头，在下拉列表中单击" 自定义排序(U)... "按钮，并按下图所示进行设置：主要关键字中选择"姓名"，次序为"升序"，再单击"选项"按钮，在"排序选项"对话框中选定"笔画排序"并确定，返回"排序"对话框中确定即可。

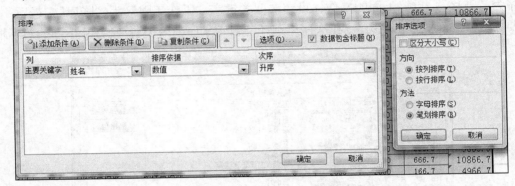

| 实训要求 6 | 统计 5 年内该公司即将退休的人员，以确定招聘新员工的人数，退休年龄为 55 周岁（提示：筛选出"出生年月"在 1953 年 1 月到 1958 年 1 月之间的员工）。 |

操作步骤

将光标定位在数据表中任一单元格，单击" "按钮下方的小箭头，在下拉列表中单击" 筛选(F) "按钮，再单击第 1 行"出生年月"旁的筛选按钮，在下拉列表中选择"日期筛选"中的"介于"，在出现的对话框中分别输入"1953-1"和"1958-1"并单击"确定"按钮，如下图所示。

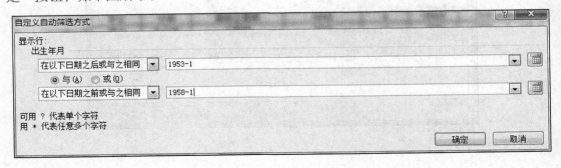

实训要求7　　　在 C25 单元格内输入"计划招聘:",在 D25 单元格内输入符合筛选条件的记录数。

操作步骤

单击 C25 单元格,输入"计划招聘:",再单击 D25 单元格,输入"6 人"。

实训要求8　　　复制"筛选"工作表,重命名为"高级筛选",显示全部记录,删除第 25 行的内容。年底将近,人事部下发技术骨干评选条件:年龄 40 周岁以下,学位硕士;非助理职务或者年龄 40 周岁以上,学位学士,高级职务。最后将筛选出的结果复制至 A29 单元格。

操作步骤

【步骤1】　按住"Ctrl"键不放,向右拖动表标签上的"筛选"就可以复制该工作表,名为"筛选(2)",双击"筛选(2)",反显后输入"高级筛选"并按"Enter"键。再次单击"🔽" 按钮下方的小箭头,在下拉列表中单击"🔽 筛选(F)"按钮就可以取消自动筛选,显示全部记录,在行号 25 上单击鼠标右键,在快捷菜单中选择"删除"命令,删除第 25 行的内容。

【步骤2】　选中第 1 行中的"出生年月""学位"和"专业技术职务",复制到 C25、D25 和 E25 单元格内,在 C26 单元格内输入">1973-1",在 D26 单元格内输入"硕士",在 E26 单元格内输入"<>助理*",在 C27 单元格内输入"<1973-1",D27 单元格内输入"学士",E27 单元格内输入"高级",如下图所示。

出生年月	学位	专业技术职务
>1973-1	硕士	<>助理*
<1973-1	学士	高级

将光标定位在上面的数据表中某一单元格内,在"数据"功能区中选择"📊 高级",按下图进行操作。

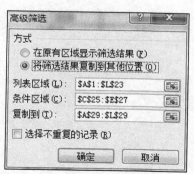

选中"将筛选结果复制到其他位置",将光标定位到"条件区域"的方框中,选中 C25:E27 区域,将光标再次定位在"复制到"方框中,单击 A29 单元格后确定。

实训要求9	复制"简单排序"工作表，重命名为"分类汇总"。年底将近，财务部将下发奖金，现统计各部门的奖金总和（提示：分类汇总）。

操作步骤

按住"Ctrl"键不放，向右拖动表标签上的"简单排序"就可以复制该工作表，名为"简单排序（2）"，双击"简单排序（2）"，反显后输入"分类汇总"并按"Enter"键。将光标定位在"部门"列中的任意单元格，在"数据"选项卡中单击"⌄↑"按钮将部门按升序排序，再单击"▥分类汇总"按钮，出现"分类汇总"对话框，分类字段选择"部门"，汇总方式选择"求和"，汇总项"奖金"打钩，将其他钩都去掉后单击"确定"按钮，如下图所示。

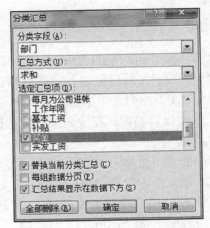

完成以上操作后保存文件，关闭窗口。

实训 22
产品销售表
——图表分析

实训要求

1. 利用所提供的数据，选择合适的图表类型来呈现"各销售渠道所占销售份额"。

2. 利用所提供的数据，选择合适的图表类型来呈现"各地区对600mL和2.5L两种容量产品的需求比较"。

得分点：

要求	1	2
评分	4	6
总分		

实训 23
员工信息表图表分析
——拓展练习

利用所提供的数据，采用图表的方式来表示以下信息。

1. 产品在一定时间内的销售增长情况（选中数据源A3:L3和A11:L11，在"插入"选项卡中选择图表类型/选择图表位置/做其他设置）。

2. 产品销售方在一定时间内市场份额的变化（2012年，选中数据源A3:A10以及L3:L10，在"插入"中选择图表类型/选择图表位置/做其他设置）。

3. 出生人数与产品销售的关系（选中数据源A3:L3和A11:L12，在"插入"选项卡中选择图表类型/选择图表位置/做其他设置）。

实训详解

实训要求 1 产品在一定时间内的销售增长情况（选中数据源 A3:L3 和 A11:L11，在"插入"选项卡中选择图表类型/选择图表位置/做其他设置）。

操作步骤

在"素材"工作表后新建一张工作表，取名为"产品销售增长情况"。在"素材"工作表中，选中 A3:L3 区域，按住"Ctrl"键，再拖动选中 A11:L11 区域，在"插入"选项卡中单击选择"折线图"中的"带数据标志的折线图"，即可生成一张折线图。将其选中，利用"图表工具"→"设计"→"移动图表"，将图表移到刚建立的"产品销售增长情况"表中。继续对图表做如下编辑操作。

（1）鼠标指针移到图表边框线时变为双箭头，此时可以调节图表的宽度和高度。

（2）鼠标单击选中图例"□□总额"，按"Delete"键删除。

（3）在图表区单击鼠标右键，在快捷菜单中选择"设置图表区域格式"命令，选择"纯色填充"，设定颜色为"白色，背景1，深色50%"并确定。

（4）在绘图区单击鼠标右键，在快捷菜单中选择"设置绘图区格式"命令，选择"纯色填充"，设定颜色为"白色，背景1，深色50%"并确定。

（5）鼠标单击选中绘图区中的网格线，按"Delete"键删除。

（6）鼠标移到水平（类别）轴，双击打开"设置坐标轴格式"对话框，在"线条颜色"选项卡中设置线条为"实线"，颜色为"白色"，线型宽度为1.25磅，其他设置见下图。

坐标轴下方的数字单击选中后直接在"开始"中设置其字号为12，字体颜色为白色。

（7）用和（6）同样的方法设置垂直（值）轴。

（8）鼠标移到"系列'总额'点"上，双击打开"设置数据系列格式"对话框，将线条设置为实线、颜色为橙色，线型宽度为3磅，阴影颜色为黑色，数据标记选项设置如下图所示。

（9）单击选中图表标题，如"□总额□"，光标定位在标题里面，删除原来的文字，输入标题"2002—2012年产品销售情况"，选中该标题设置字体为宋体、14号、白色。

（10）在"图表工具"中单击"□坐标轴标题"下方的小箭头，在下拉列表中选择"主要纵坐标标题"→"横排标题"，选中出现在垂直（值）轴左边的"□坐标轴标题□"，将它移动到垂直（值）轴的上方，并在其中输入"销售额百万元"（"百万元"换行在下一行），并设字体为宋体、11、白色。

（11）选中绘图区，鼠标移到垂直（值）轴上的控点上变为双箭头，拖动鼠标向左，将垂直（值）轴的数字移到坐标轴标题下。

实训要求2	产品销售方在一定时间内市场份额的变化（2012年，选中数据源A3:A10以及L3:L10，在"插入"选项卡中选择图表类型/选择图表位置/做其他设置）。

操作步骤

在"产品销售增长情况"工作表后新建一张工作表，取名为"销售方分布情况"。在"素材"工作表中，选中A3:A10，按住"Ctrl"键，再拖动选中L3:L10区域，在"插入"选项卡中单击选择"●"中的"三维饼图"，即可生成一张三维饼图。将其选中，利用"图表工具"→"设计"→通过"移动图表"，将图表移到刚建立的"销售方分布情况"表中。继续对图表做如下编辑操作。

（1）鼠标指针移到图表边框线时变为双箭头，此时可以调节图表的宽度和高度。

（2）单击选中右侧的图例，按"Delete"键删除。

（3）在图表区双击，在出现的"设置图表区格式"对话框中，选择"纯色填充"，设定颜色为"黑色"，单击"确定"按钮。

（4）单击选中绘图区，绘图区四周出现控点，鼠标指针移到控点上变为双箭头，调整绘图区至适当大小。

（5）选中图表标题，在其中输入"2012年销售方在市场份额的分布情况"，并设置字体为宋体、14、白色。

（6）单击圆饼选中数据系列，选择"图表工具"→"数据标签"→"其他数据标签选项"，在出现的对话框中做如下设置。

（7）双击圆饼，打开"设置数据系列格式"对话框，做如下设置可以将第一扇区的起始角度调整到 270°。

（8）单独选中"代销商"这个扇区，将其拖动分离。

（9）鼠标指针在圆饼边缘移动，当出现提示信息为"引导线"时，双击鼠标打开"设置引导线格式"对话框，在对话框中将线条设为实线，颜色为白色。

| 实训要求3 | 出生人数与产品销售的关系（选中数据源 A3:L3 和 A11:L12，在"插入"选项卡中选择图表类型/选择图表位置/做其他设置）。 |

操作步骤

在"销售方分布情况"工作表后新建一张工作表，取名为"销售与人口出生率"。在"素材"工作表中，选中 A3:L3，按住"Ctrl"键，再拖动鼠标选中 A11:L12 区域，在"插入"选项卡中单击选择"📊"中的"二维柱形图—簇状柱形图"，即可生成一张柱形图。将其选中，利用"图表工具"→"设计"→"📊"，将图表移到刚建立的"销售与人口出生率"表中。继续对图表做如下编辑操作。

（1）鼠标指针移到图表边框线时变为双箭头，此时可以调节图表的宽度和高度。

（2）在"图表工具"→"布局"工具栏的左侧，选择系列"出生人数"，并单击"设置所选内容格式"，如下图所示。

在打开的对话框中进行如下设置。

在线条颜色中设置实线、橙色，在线型中设宽度为 3 磅，平滑线打钩，关闭对话框。

（3）在"图表工具"→"布局"工具栏的左侧，选择系列"总额"，并单击"设置所选内容格式"，在出现的对话框中设置填充，如下图所示。

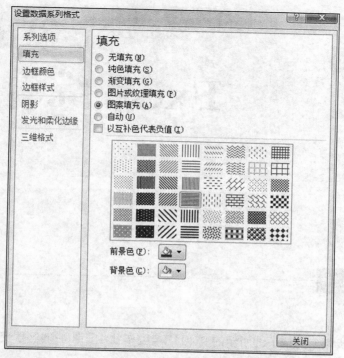

设置边框颜色为无颜色，关闭对话框。

（4）在"图表工具"→"布局"工具栏中选择"图表标题"中的"图表上方"，添加图表标题，在图表标题方框中输入标题"出生人数与产品销售的关系图"，并设置为宋体、12 号。

（5）"图表工具"→"布局"→"坐标轴标题"→"主要纵坐标轴标题"→"横排标题"，移动出现的标题到主要纵坐标轴的上方，在其中输入"销售额（百万元）"（其中"百万元"换行）。

（6）"图表工具"→"布局"→"坐标轴标题"→"次要纵坐标轴标题"→"横排标题"，移动出现的标题到次要纵坐标轴的上方，在其中输入"出生人数（百万）"（其中"百万"换行）。

（7）双击图表右侧的图例，在打开的对话框中设置边框颜色为实线、黑色。

（8）单击选中绘图区的主要纵坐标轴网格线，按"Delete"键删除。

实训 24
Excel 综合练习

　　根据以下步骤，完成下图所示的"2013年度毕业生江浙沪地区薪资比较"，请根据自己的理解设置图表外观，不需要与示例一致。

　　1. 复制本工作簿（4.5综合应用要求与素材.xlsx）中的"素材"工作表，命名为"2013年度毕业生江浙沪地区薪资比较"。

　　2. 将"薪资情况"字段的数据按照以下标准把薪资范围替换为具体的值：（1）1 000以下替换为800；（2）1 000～2 000替换为1 500；（3）2 000～3 000替换为2 500；（4）3 000以上替换为3 500。

　　3. 根据要统计的项对数据区域进行排序和分类汇总。

　　4. 制作图表。

得分点：

要求	1	2	3	4
评分	2	2	2	4
总分				

77

实训24　Excel 综合练习

PART 25

实训 25
演示文稿的制作

实训要求

1. 创建一个名为"新产品发布"的演示文稿。

2. 在幻灯片中插入相关文字、图片、艺术字和表格等对象，并对它们进行基本格式设置，美化幻灯片。

3. 为演示文稿"新产品发布"重新选择设计模板，并适当修改演示文稿的母版，以达到理想效果。

4. 为演示文稿"新产品发布"添加切换效果和自定义动画。

5. 在演示文稿"新产品发布"的目录（第2张幻灯片）与相应的幻灯片之间建立超级链接，并使之能成功放映。

得分点：

题号	1	2	3	4	5
评分	2	2	2	2	2
总分					

PART 26

实训 26
贺卡的制作
——拓展练习

实训要求

　　根据《舍友》期刊的内容素材，制作一个PPT文稿，分宿舍进行交流演示，具体要求如下。

1. 一个PPT文稿至少要有20张幻灯片。

2. 第一张必须是片头引导页（写明主题、作者及日期等）。

3. 第二张要求是目录页。

4. 其他几张要有能够返回到目录页的超链接。

5. 使用"应用设计模板"或网上下载的模板，并利用"母版"修改设计演示文稿风格（在适当位置放置符合主题的logo或插入背景图片，时间日期区插入当前日期，页脚区插入幻灯片编号），以更贴切的方式体现主题。

6. 选择适当的幻灯片版式，使用图、文、表混排组织内容（包括艺术字、文本框、图片、文字、自选图形、表格和图表等）。要求内容新颖、充实、健康，版面协调美观。

7. 为幻灯片添加切换效果和动画方案，以播放方便、适用为主，使得演示文稿的放映更具吸引力。

8. 合理组织信息内容，要有一个明确的主题和清晰的流程。

 实训详解

实训要求	根据《舍友》期刊的内容素材，制作一个 PPT 文稿，分宿舍进行交流演示。

操作步骤

【步骤1】　打开 PowerPoint 2010, 新建一个文件名为"贺卡（小C）.pptx"的演示文稿。

【步骤2】　选取版式为"空白"。

 提示　选择"开始"→"⊞版式▾"→"空白"

【步骤3】　插入素材文件夹中的背景图片"背景.jpg"。

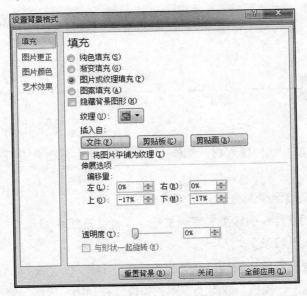

提示　选择"设计"→"背景", 打开"设置背景格式"对话框；选择"填充"选项, 选中"图片或纹理填充", 再单击"文件"按钮, 在素材文件夹中选择背景图片, 见上图对话框。

【步骤4】　选择"插入"→"文本框"→"竖排文本框", 在右上侧插入两个竖排文本框, 里面文字分别为"海上生明月"和"天涯共此时", 设置字体为华文行楷、40、黄色, 效果如下图所示。

【步骤5】 设置动画效果。

（1）选中竖排文本框1。

（2）在"动画"中选择"飞入"，如下图所示。

（3）并设置持续时间为2秒，如下图所示。

用同样方法将竖排文本框2也设置为该动画效果。

【步骤6】 用"插入"→"图片"→"插入来自文件的图片"的方法将素材文件夹中的"奔月.jpg"图片插入幻灯片外的左下角，选中该图片，在"图片工具"→"格式"中用"删除背景"去掉背景。

【步骤7】 选中该图片，在"动画"→"其他动作路径"中选择"对角线向右上"，如下图所示。

调整路径的起点为图片所在位置，终点为月亮，并设置持续时间为2秒。双击路径，在出现的对话框中做如下设置。

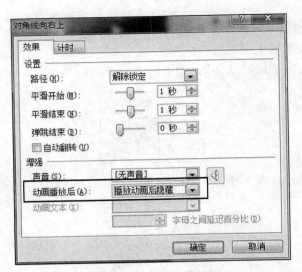

【步骤8】 选择"插入"→"文本框"→"横排文本框",在中下侧插入一个横排文本框,框内文字为"中秋节快乐",设置字体为华文行楷、60、黄色。

【步骤9】 选中横排文本框,单击"动画"选项卡中的"更多进入效果",在对话框中选择"空翻"动画效果。持续时间为2秒。

【步骤10】 添加背景音乐。

（1）选择"插入"→"音频"→"文件中的音频"命令,打开"插入声音"对话框,如下图所示。

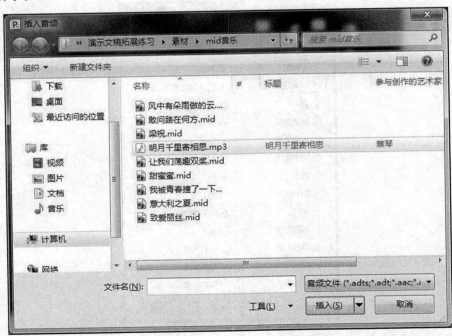

（2）选中相应的音乐文件,单击"插入"按钮。

（3）此时,在幻灯片中出现一个小喇叭图标,在"音频工具"→"播放"中,开始设为"自动",选中"放映时隐藏"复选项,如下图所示,这样在幻灯片播放时声音图标将被隐藏。

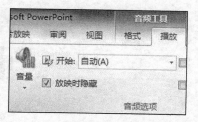

【步骤 11】 接下来可能会发现播放顺序有问题，没关系，在动画窗格选中背景音乐，然后单击下方的"重新排序"按钮，把背景音乐调到最上面，这样就可以在幻灯片播放的一开始首先播放背景音乐了。

【步骤 12】 怎么样？是不是还有问题？问题出在哪里呢？在高级日程表中可以看到各个动画播放的顺序和时间。发现问题在于动画是在背景音乐播放完之后才开始的，调整一下吧，把下面几个动画的播放时间改为"从上一项开始"，并依次设置延迟时间分别为 2 秒、4 秒、6 秒，如下图所示。

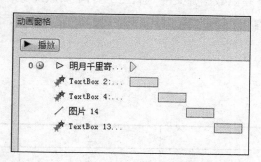

至此，一张幻灯片制作完毕，播放一下试试吧！

PART 27

实训 27
邮件合并

1. 利用Word程序建立主文档"工资单.docx"。

2. 利用Excel程序建立数据源文件"员工工资信息.xlsx"。

3. 通过邮件合并生成信函文档"合并完成后的文档.docx"。

得分点：

要求	1	2	3
评分	2	4	4
总分			

PART 28

实训 28
录取通知书的制作
——拓展练习

实训要求

根据以下步骤，完成录取通知书的制作。

1. 利用Word程序建立下图所示主文档"录取通知书.docx"。

```
_____同学：
    您已被我校_____（系）_____专
业录取，学制_____年，请于_____到_____持本通知书
到我校报到。

                                        ×××学院
                                        2013 年 8 月 19 日
```

2. 利用Excel程序建立下图所示的数据源文件"学生信息.xlsx"。

	A	B	C	D	E	F	G
1	姓名	院系	专业	学制	报到起始时间	报到终止时间	电子信箱
2	张连城	机电工程系	机电一体化	3年	9月1日	9月4日	slsdlfksj@126.com
3	吴心	电子工程系	电子信息工程技术	3年	9月1日	9月4日	ewoirqu@126.com
4	王亮	信息工程系	技术软件技术	3年	9月1日	9月4日	qpvlkis@126.com
5	沈蕊	机电工程系	数控技术	3年	9月1日	9月4日	xcvlkidsfi@126.com
6	余军	信息工程系	计算机网络技术	3年	9月1日	9月4日	cxliewrewl@126.com
7	张天涯	信息工程系	计算机应用技术	3年	9月1日	9月4日	lsdafilsk@126.com
8	周海角	电子工程系	应用电子技术	3年	9月1日	9月4日	sdakfjhas@126.com
9	任逍遥	电子工程系	电子测量与仪器	3年	9月1日	9月4日	dsfkljas@126.com
10	常云	管理工程系	物流管理	3年	9月1日	9月4日	wgerkadsj@126.com
11	张月	管理工程系	电子商务	3年	9月1日	9月4日	werkljafsds@126.com

3. 通过邮件合并生成下图所示的信函文档"合并后的录取通知书.docx"。

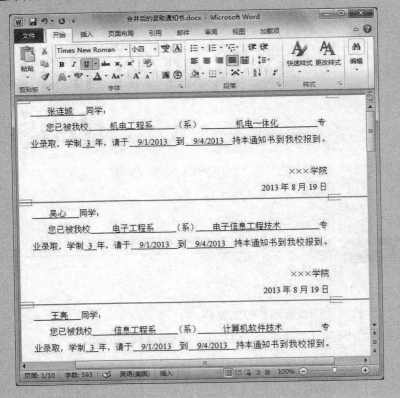

 实训详解

实训要求	制作录取通知书。

 **操作步骤**

【步骤1】 利用 Word 2010 建立下图所示主文档"录取通知书.docx"。

```
_____同学:
    您已被我校_____(系)_____专
业录取, 学制____年,请于_____到_____持本通知书
到我校报到。

                                        ×××学院
                                        2013 年 8 月 19 日
```

【步骤2】 利用 Excel 2010 程序建立下图所示的数据源文件"学生信息.xlsx"。

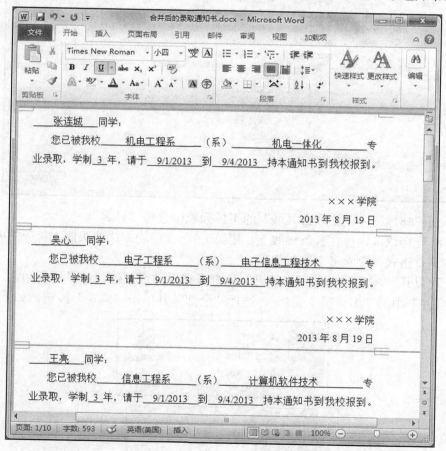

【步骤3】　通过邮件合并生成下图所示的信函文档"合并后的录取通知书.docx"。

（1）在"录取通知书.docx"主文档中，将光标定位在姓名横线上，选择"邮件"→"选择收件人"→"使用现有列表"，找到刚才建立好的"学生信息.xlsx"文件，单击"打开"按钮，再选择"Sheet1$"表，确定即可。

（2）单击"邮件"—"编辑收件人列表"，在打开的对话框中选中所有学生，如下图所示。

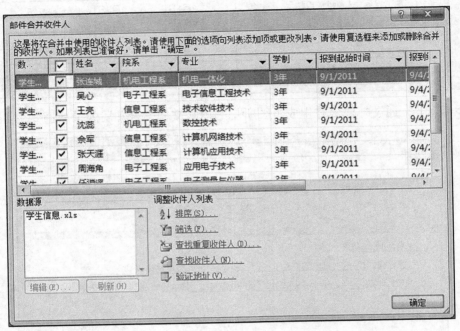

（3）在"邮件"→"插入合并域"的下拉列表中选择"姓名"。

（4）将光标依次定位在各条横线上，用第（3）步中的方法依次插入相应的内容。

（5）调整格式，删除多余的横线。

（6）可以用"邮件"→"预览结果"先查看结果是否正确，如果没有问题，则单击"完成并合并"中的"编辑单个文档"，选择"全部"并单击"确定"按钮，如下图所示。

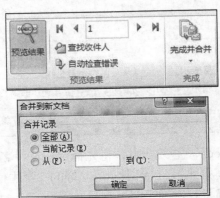

（7）将生成的"信函1"保存到指定位置，文件名为"合并后的录取通知书.docx"。

PART 29

实训 29
专业文稿的制作

实训要求

1. 制作工作表模板"2013年豆浆机个人销售业绩统计模板.xltx"。

2. 制作成Word模板"2013年度豆浆机个人销售业绩汇报单.dotx"。

3. 根据模板完成5月份的豆浆机个人销售业绩汇报单和个人销售业绩统计表。生成实例文件"2013年度5月份豆浆机个人销售业绩汇报单.docx"和"2013年度5月份豆浆机个人销售业绩统计表.xlsx"。

得分点：

要求	1	2	3
评分	2	4	4
总分			

实训 30
销售报表的制作
——拓展练习

1. 根据以下步骤，完成厨房小家电销售组的月报表。

2. 制作下图所示工作表模板"2013年电饭煲个人销售业绩统计模板.xltx"。

3. 制作下图所示Word模板"2013年度电饭煲个人销售业绩汇报单.dotx"。

尊敬的销售部主任：

　　您好！为了有效地考核部门销售业绩，让员工们在竞争更好地提升自己的能力，创造更好的成绩，现将＿＿＿＿＿＿月份的电饭煲销售部门个人销售业绩汇报如下，请审核。

2013年度＿＿月份电饭煲个人销售业绩统计表

单位：台

姓名	销售组	九阳	美的	东菱	莱克	荣事达	松桥	苏泊尔	德国SKG	合计
杨利蓉	销售4组									0
王志强	销售2组									0
郭波	销售3组									0
赵蔚	销售3组									0
张浩	销售3组									0
张建军	销售1组									0
韩玲	销售4组									0
张军	销售2组									0
周世勋	销售1组									0
朱建国	销售4组									0
李登峰	销售2组									0
汤楠	销售1组									0

汇报人：孙亚平

日期：2013 年 7 月 1 日

4. 根据模板完成6月份的电饭煲个人销售业绩汇报单和个人销售业绩统计表。生成实例文件"2013年度6月份电饭煲个人销售业绩汇报单.docx"和"2013年度6月份电饭煲个人销售业绩统计表.xlsx"，如下图所示。

尊敬的销售部主任：

　　您好！为了有效地考核部门销售业绩，让员工们在竞争更好地提升自己的能力，创造更好的成绩，现将＿＿6＿＿月份的电饭煲销售部门个人销售业绩汇报如下，请审核。

2013年度　6　月份电饭煲个人销售业绩统计表

单位：台

姓名	销售组	九阳	美的	东菱	莱克	荣事达	松桥	苏泊尔	德国SKG	合计
杨利蓉	销售4组	109			68					177
王志强	销售2组		130				115			245
郭波	销售3组					93		150		243
赵蔚	销售3组					87		167		254
张浩	销售3组					56		99		155
张建军	销售1组			104					123	227
韩玲	销售4组	156			78					234
张军	销售2组		117				109			226
周世勋	销售1组			93					101	194
朱建国	销售4组	118			49					167
李登峰	销售2组		126				100			226
汤楠	销售1组			125					101	226

汇报人：孙亚平

日期：2013 年 7 月 1 日

5. 制作下图所示工作表模板"2013年厨房小家电销售业绩统计模板.xltx"。其中，"销售数量"列的数据分别为豆浆机、电饭煲个人销售业绩的总和；"平均销售单价"列为固定数据；"销售总额"列利用公式进行计算。

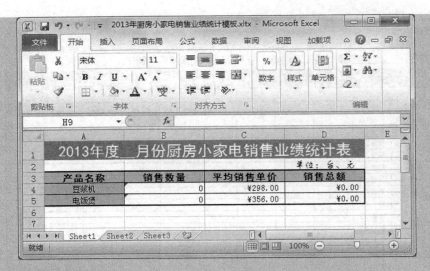

6. 制作下图所示Word模板"2013年度厨房小家电销售业绩汇报单.dotx"。

尊敬的销售部主任：

您好！为了有效地考核部门销售业绩，让员工们在竞争更好地提升自己的能力，创造更好的成绩，现将_____月份的厨房小家电销售组销售业绩汇报如下，请审核。

2013年度__月份厨房小家电销售业绩统计表

单位：台、元

产品名称	销售数量	平均销售单价	销售总额
豆浆机		¥298.00	¥0.00
电饭煲		¥356.00	¥0.00

汇报人：孙亚平

日期：2013 年 7 月 1 日

7. 根据模板完成6月份的厨房小家电销售业绩汇报单和销售业绩统计表。生成实例文件"2013年度6月份厨房小家电销售业绩汇报单.docx"和"2013年度6月份厨房小家电销售业绩统计表.xlsx"，如下图所示。

尊敬的销售部主任：

您好！为了有效地考核部门销售业绩，让员工们在竞争更好地提升自己的能力，创造更好的成绩，现将____6____月份的厨房小家电销售组销售业绩汇报如下，请审核。

2013年度_6_月份厨房小家电销售业绩统计表

单位：台、元

产品名称	销售数量	平均销售单价	销售总额
豆浆机	2977	¥298.00	¥887,146.00
电饭煲	2574	¥356.00	¥916,344.00

汇报人：孙亚平

日期：2013 年 7 月 1 日

实训详解

实训要求 利用模板文件完成厨房小家电销售组的月报表。

操作步骤

【步骤1】 制作下图所示工作表模板"2013年度电饭煲个人销售业绩统计模板.xltx"。

姓名	销售组	美的	松下	苏泊尔	荣事达	飞利浦	东芝	格兰仕	九阳	合计
杨利蓉	销售4组									0
王志强	销售2组									0
郭波	销售3组									0
赵蔚	销售3组									0
张浩	销售3组									0
张建军	销售1组									0
韩玲	销售4组									0
张军	销售2组									0
周世勋	销售1组									0
朱建国	销售3组									0
李登峰	销售2组									0
汤楠	销售1组									0

2013年度__月份电饭煲个人销售业绩统计表（单位：台）

（1）启动 Excel 2010 程序，新建一个空白工作簿。

（2）在 A1 单元格内输入上图所示的内容，选中 A1:K1 区域，用"合并后居中"按钮将其设为跨列居中，并做相应的格式设置：字体为黑体，字号为 18，字体颜色为白色，填充绿色底纹。

（3）按以上样图输入其他信息，并做格式、边框设置。其中，B4:B15 输入时要进行数据有效性检查，方法是：选中 B4:B15 区域，打开"数据"→"数据有效性"对话框，按下图所示进行设置。

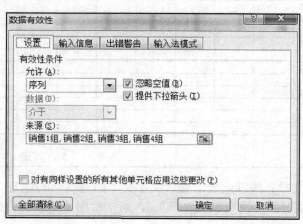

（4）选中 K4 单元格，单击"开始"选项卡中的"Σ 自动求和 ▾"按钮，鼠标拖动选中 C4:J4 区域，再单击编辑栏左侧的勾号。鼠标指针移到 K4 单元格的填充句柄上拖动到 K15，完成公式复制。

（5）选定 C4:J15 单元格区域，单击"开始"→"格式"→"设置单元格格式"，在打开的对话框中，选择"保护"选项卡，取消"锁定"选项，单击"确定"按钮。

（6）单击"开始"→"格式"→"保护工作表"，在打开的对话框中，做如下设置。

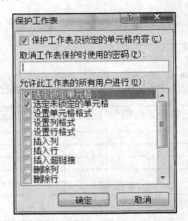

（7）单击"文件"→"另存为"，在"另存为"对话框中先选择"保存类型"为"Excel 模板（*.xltx）"，再选择保存位置，在文件名中输入"2013 年度电饭煲个人销售业绩统计模板"，再单击"保存"按钮。

【步骤 2】　制作下图所示 Word 模板"2013 年度电饭煲个人销售业绩汇报单.doct"。

> 尊敬的销售部主任：
> 　　您好！为了有效地考核部门销售业绩，让员工们在竞争更好地提升自己的能力，创造更好的成绩，现将_____月份的电饭煲销售部门个人销售业绩汇报如下，请审核。

2013年度_____月份电饭煲个人销售业绩统计表

单位：台

姓名	销售组	九阳	美的	东菱	莱克	荣事达	松桥	苏泊尔	德国SKG	合计
杨利蓉	销售4组									0
王志强	销售2组									0
郭波	销售3组									0
赵豚	销售3组									0
张浩	销售3组									0
张建军	销售1组									0
韩玲	销售4组									0
张军	销售1组									0
周世勒	销售1组									0
朱建国	销售4组									0
李登峰	销售2组									0
汤楠	销售1组									0

汇报人：孙亚平
日期：2013 年 7 月 1 日

（1）新建 Word 文档，按以上要求输入文字，中间有表格的地方空一行，将光标定位到日期后面，选择"插入"→"日期和时间"，在对话框中选定一种日期格式，并选中"自动更新"选项，如下图所示。

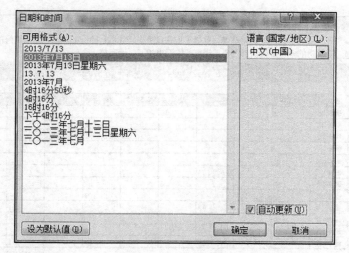

（2）找到刚才保存好的"2013 年度电饭煲个人销售业绩统计模板.xltx"模板文件，单击鼠标右键打开快捷菜单，在快捷菜单中选择"打开"命令（注意：千万不要用双击打开）。选中 A1:K15 区域，执行"复制"命令。

（3）回到 Word 文档中，将光标定位在中间预留的空行上，单击"开始"→"粘贴"→"选择性粘贴"，在对话框中做如下设置。

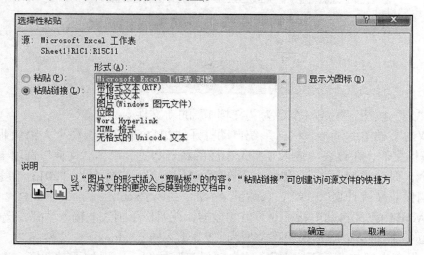

（4）单击"确定"按钮。选中粘贴过来的表格，将其设为居中。

单击"文件"→"另存为"，在"另存为"对话框中先选择"保存类型"为"Word模板（*.dotx）"，再选择保存位置，在文件名中输入"2013 年度电饭煲个人销售业绩汇报单"，再单击"保存"按钮。

【步骤3】 根据模板完成 6 月份的电饭煲个人销售业绩汇报单和个人销售业绩统计表。生成实例文件"2013 年度 6 月份电饭煲个人销售业绩汇报单.docx"和"2013 年度 6 月份电饭煲个人销售业绩统计表.xlsx"，如下图所示。

尊敬的销售部主任：

　　您好！为了有效地考核部门销售业绩，让员工们在竞争更好地提升自己的能力，创造更好的成绩，现将＿＿6＿＿月份的电饭煲销售部门个人销售业绩汇报如下，请审核。

2013年度 6 月份电饭煲个人销售业绩统计表

单位：台

姓名	销售组	九阳	美的	东菱	莱克	荣事达	松桥	苏泊尔	德国SKG	合计
杨利苓	销售4组	109			68					177
王志强	销售2组		130				115			245
郭波	销售3组					93		150		243
赵辉	销售3组					87		167		254
张浩	销售3组					56		99		155
张建军	销售1组			104					123	227
韩玲	销售4组	156			78					234
张军	销售2组		117				109			226
周世勋	销售1组			93					101	194
朱建国	销售4组	118			49					167
李登峰	销售2组		126					100		226
汤楠	销售1组			125					101	226

汇报人：孙亚平

日期：2013 年 7 月 1 日

（1）双击刚才建立的"2013 年度电饭煲个人销售业绩汇报单.doct"模板文件，出现如下对话框。

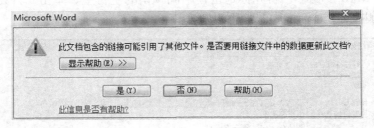

选择"是"按钮，生成一个名为"文档 1"的新文件。

（2）双击文档中的链接表格，系统自动打开"2013 年度电饭煲个人销售业绩统计模板.xltx"模板文件，在该表中输入 6 月份相应的统计数据，单击"文件"选项卡中的"另存为"命令，保存类型选择为"Excel 工作簿（*.xlsx）"，文件名为"2013 年度 6 月份电饭煲个人销售业绩统计表"，单击"保存"按钮，关闭 Excel。

此时 Word 中已经自动更新了 6 月份的数据，在月份下画线上输入"6"，选择"文件"— "另存为"，在对话框中选择保存类型为"Word 文档（*.docx）"，文件名为"2013 年度 6 月份电饭煲个人销售业绩汇报单"，单击"保存"按钮，出现如下对话框，选择"否"。

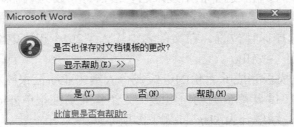

至此，2013 年度电饭煲个人销售业绩相应的模板文件及统计表、汇报单已经制作完成。制作 2013 年度厨房小家电销售业绩相关的模板及其他文件的操作方法和以上相似，这里不再赘述。

PART 31

实训 31
书面作业：多媒体
技术论述

实训要求

从以下主题中选其一进行论述。

1. 浅谈多媒体信息处理的关键技术

2. 浅谈图形和图像的基本概念

3. 浅谈音频或视频信号的压缩标准

不要拘泥于书本，利用网络查找与主题相关的资料，字数 300 字以上，有自己的见解，字迹端正。

友情贴士：在桌面上双击 IE 浏览器，在地址栏中输入网址 www.baidu.com，在页面的搜索栏中输入关键字，如多媒体技术发展史。

浅谈_____

得分点:

题号	能正确搜索到相关内容，主题明确	有自己的见解，字迹端正	字数
评分	6	2	2
总分			